江苏联合职业技术学院院本教材
经学院教材审定委员会审定通过

机电一体化技术基础
（第2版）

主编 倪依纯

参编 夏春荣　李荣芳　程惠娟
　　　　丁明华　钱春雷　张　晴

主审 朱崇志

北京理工大学出版社
BEIJING INSTITUTE OF TECHNOLOGY PRESS

图书在版编目（CIP）数据

机电一体化技术基础/倪依纯主编．—2 版．—北京：北京理工大学出版社，2019.12重印
ISBN 978 – 7 – 5682 – 4533 – 3

Ⅰ. ①机…　Ⅱ. ①倪…　Ⅲ. ①机电一体化 – 高等学校 – 教材　Ⅳ. ①TH – 39

中国版本图书馆 CIP 数据核字（2017）第 191415 号

出版发行 / 北京理工大学出版社有限责任公司
社　　址 / 北京市海淀区中关村南大街 5 号
邮　　编 / 100081
电　　话 / (010) 68914775（总编室）
　　　　　 (010) 82562903（教材售后服务热线）
　　　　　 (010) 68948351（其他图书服务热线）
网　　址 / http：//www.bitpress.com.cn
经　　销 / 全国各地新华书店
印　　刷 / 三河市华骏印务包装有限公司
开　　本 / 787 毫米 × 1092 毫米　1/16
印　　张 / 11
字　　数 / 260 千字
版　　次 / 2019年12月第2版第5次印刷
定　　价 / 29.80 元

责任编辑 / 赵　岩
文案编辑 / 赵　岩
责任校对 / 周瑞红
责任印制 / 李志强

前　言

机电一体化是现代工业技术和产品技术集成的体现，它是将机械与微电子技术的一体化有机结合，以实现系统的最佳化。随着机械技术、微电子技术、信息技术的飞速发展和应用，机电一体化得到了迅猛发展。

本课程作为机电技术应用专业的主要专业课程之一，全面介绍了机电一体化技术的由来及发展。使学生对机电一体化技术所涵盖的技术领域、典型的机电一体化装置（产品）的工作原理及结构有一个比较清晰的了解。

本课程的主要学习任务是：机电一体化技术的定义、由来及组成特点；机电一体化技术涵盖技术领域的知识和系统结构介绍；对机电一体化系统的抗干扰和可靠性评价；典型的机电一体化实例分析。

本教材结合五年制高职学生的认知能力和专业特点，采用案例导入、学习任务引领、图文并茂、简洁明了、适度提高的编写原则。引用了大量普通的生产和生活中能够接触、为学生所熟悉的案例来导入相关的知识，按照学习任务来安排学习进程和内容。并且采用了知识链接的方式为学生专业能力的发展和提升提供必要的引领。同时，在每个课题的最后提供学生的自我学习评价表，方便学生自主评价学习成效。

本教材适用于各类高等职业院校机电一体化专业教学以及相关培训。

本教材由江苏省无锡交通高等职业技术学校倪依纯教授担任主编和统稿。并编写了课题六。江苏省无锡交通高等职业技术学校的夏春荣和李荣芳老师分别编写了课题二和课题四、泰州机电高等职业技术学校程惠娟老师编写课题一、常熟高等职业技术学校丁明华和钱春雷老师分别编写了课题三和课题五、徐州技师学院张晴老师编写了课题七。

本教材由江苏省淮安生物高等职业技术学校朱崇志老师担任主审。

本教材的编写得到了江苏联合职业技术学院、江苏联合职业技术学院机电专业协作委员会、各参编学校和主审学校、北京理工大学出版社等单位的领导和专家的大力帮助。在此，表示深深地谢意！

由于编写人员的水平有限，教材中难免会有一些错漏，敬请使用本教材的师生予以指正，不胜感谢之至！

本书配套资源

编　者

2017 年 7 月

目　　录

课题一
认识机电一体化

知识目标

认识什么是机电一体化技术；了解机电一体化系统的组成要素；了解机电一体化系统包含的关键技术；了解机电一体化技术的发展方向。

能力目标

初步具备识别什么是机电一体化系统的能力，锻炼观察、资料查阅、分析能力，培养求知欲。

案例导入

1. 工业机器人

日本工业机器人协会（JIRA）对工业机器人的定义：工业机器人是"一种装备有记忆装置和末端执行装置的、能够完成各种移动来代替人类劳动的通用机器"。美国机器人协会（RIA）对工业机器人的定义：机器人是"一种用于移动各种材料、零件、工具或专用装置的，通过程序动作来执行各种任务，并具有编程能力的多功能操作机"。国际标准化组织（ISO）对工业机器人的定义：机器人是"一种自动的、位置可控的、具有编程能力的多功能操作机，这种操作机具有几个轴，能够借助可编程操作来处理各种材料、零件、工具和专用装置，以执行各种任务"。由此可见，工业机器人是将传感检测技术、信息处理技术、自动控制技术、伺服驱动技术、机械技术等有机结合在一起，是典型的机电一体化产品，如图 1 – 1 所示。

图 1 – 1　生产线上的工业机器人

我国的工业机器人发展起步较晚，从二十世纪八十年代"七五"科技攻关开始起步，研究和开发面向先进制造的机器人制造单元及系统、特种机器人等，在机器人性能、产能、使用率等方面都落后于发达国家。随着我国经济的崛起和政府的大力扶持，目前已开发出喷漆、弧焊、点焊、装配、搬运和水下机器人，其中弧焊机器人已应用在汽车制造厂的焊装线上。我国的机器人使用率正在迅速地攀升，主要集中在焊接机器人、喷涂机器人、码垛机器人和搬运机器人，图 1 – 2 为我国工业机器人历年装机数量。

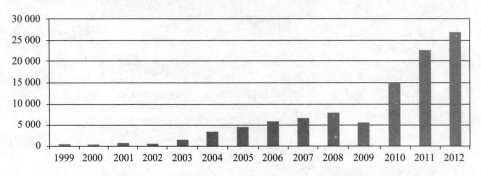

图 1 – 2　中国工业机器人历年装机数量

2015 年，我国工业机器人销量是 6.8 万台，增长速度是 18%，预计在 2017 年仍然会保持 15% 以上的增速。然而，在关键零部件上，我国与国际相比尚有差距。但最近几年，无论是国家的产业政策，还是机器人企业，其产品的研发和创新能力都得到了大幅提升。控制器、伺服电动机等关键零部件，国产化水平进步非常快；高精度减速机，现在也有了小批量的产品。所以，从技术和研发层面来看，我们正处于追赶的过程。

工业机器人传统的应用领域是汽车，从全球来看，一半以上的机器人应用于汽车行业。从今后发展趋势来看，工业机器人的主战场是量大面广的制造业。

2. 数控机床

随着大工业时代的到来，工业生产早已离不开专门的加工机床，例如，普通车床（如图 1 - 3 所示），这些专门的金属加工设备为人类的生产发挥了巨大的作用。至今依然是生产中不可或缺的装备。

图 1 - 3　普通车床

但是，随着需要加工的零部件日益复杂，生产要求的不断提高，上述主要依靠人工操作和机械控制的普通加工装备已无法满足要求。20 世纪 50 年代，计算机技术应用到了机床上，在美国诞生了第一台数控机床。从此，传统机床产生了质的变化。

数控机床（Numerical Control Machine Tools）是指采用数字控制技术对机床加工过程进行自动控制的一类机床。国际信息处理联盟第五次技术委员会对数控机床作的定义是："数控机床是一个装有程序控制系统的机床，该系统能够逻辑地处理具有使用代码或其他编码指令规定的程序。"从上述表述可见，数控机床是将计算机、电子技术、传感器技术等控制装置与传统机床结合的产物。数控机床如图 1 - 4 所示。

工业机器人和数控机床的共同特点是什么呢？最大的共同点就是机电一体化！下面，我们共同学习有关知识。

图1-4 数控加工中心

学习任务一 了解什么是机电一体化

　　机械技术在人类工业生产的历史上，一直占有非常重要的地位，至今依然如此。电气控制技术，尤其是计算机控制技术，其发展历史要比机械技术的发展晚得多，但是，其发展势头极其迅猛！

　　随着现代控制技术的发展，传统的、单纯的机械技术已无法满足社会发展的需要，电气控制系统尤其是计算机控制系统的融合已是必然趋势。上述两个例子就是很好的佐证。一个新的交叉学科，多项技术融合的新技术领域由此应运而生了，那就是机电一体化！

　　机电一体化技术即结合应用机械技术和电子技术于一体。随着计算机技术的迅猛发展和广泛应用，机电一体化技术获得前所未有的发展，成为一门综合计算机与信息技术、自动控制技术、传感检测技术、伺服传动技术和机械技术等交叉的系统技术，目前正向光机电一体化技术方向发展，应用范围愈来愈广。

　　机电一体化在国外被称为 Mechatronics，是日本人在20世纪70年代初提出来的，它是将英文机械学 Mechanics 的前半部分和电子学 Electronics 的后半部分结合在一起构成的一个新词，意思是机械技术和电子技术的有机结合。这一名称已经得到包括我国在内的世界各国的承认，我国的工程技术人员习惯上把它译为机电一体化技术，机电一体化技术又称为机械电子技术，是机械技术、电子技术和信息技术有机结合的产物。

　　目前，比较得到公认的机电一体化定义是：机械主功能、动力功能、信息功能和控制功能引进微电子技术，并将机械装置与电子装置用相关软件有机结合而构成系统的总称，如图1-5所示。

4

图 1 – 5 机电一体化系统框图

学习任务二 了解机电一体化系统组成、特点、发展趋势

1. 机电一体化系统的组成

机电一体化技术是以微型计算机为代表的微电子技术、信息技术迅速发展向机械工业领域渗透，并与机械电子技术深度结合的产物。综合应用了机械技术、微电子技术、信息技术、自动控制技术、传感测试技术等，根据系统功能目标，对各组成要素及其间的信息处理，接口耦合，运动传递，物质运动，能量变换进行研究，使得整个系统有机结合与综合集成。在高功能、高质量、高精度、高可靠性、低能耗等诸方面实现多种技术功能复合。

机电一体化系统是指具备机电一体化技术特点的装置或系统。其五大组成要素为：结构组成要素、动力组成要素、运动组成要素、感知组成要素、智能组成要素。对应的结构分别是：机械本体、动力驱动部分、测试传感部分、控制及信息处理部分、执行机构。

各要素（机构）的功能如下：

（1）机械本体（结构组成要素）

系统的所有功能要素的机械支持结构，它包括机身、框架、支撑、连接等。

（2）动力驱动部分（动力组成要素）

依据系统控制要求，为系统提供能量和动力以使系统正常运行。它包括驱动电动机的电源和驱动液压系统、气压系统的液压源和气压源。

（3）测试传感部分（感知组成要素）

对系统的运行所需要的本身和外部环境的各种参数和状态进行检测，把检测出的各种模拟信号转换为相应的电信号后，变成可识别的信号，传输给信息处理单元，经过分析、处理后产生相应的控制信息。它包括各种传感器及其信号检测电路。

（4）控制及信息处理部分（智能组成要素）

将来自测试传感部分的信息及外部直接输入的指令进行集中、存储、分析、加工处理后，按照信息处理结果和规定的程序与节奏发出相应的指令，控制整个系统有目的地运行。它包括计算机、可编程控制器、数控装置以及逻辑电路、模拟/数字与数字/模拟转换器、输

入/输出接口和计算机外部设备等。

（5）执行机构（运动组成要素）

根据控制及信息处理部分发出的指令，完成规定的动作和功能。它包括交流伺服电动机、直流伺服电动机、步进电动机、变频器、电磁阀以及利用液压能量和气压能量的液压驱动装置和气压驱动装置等。

2. 机电一体化系统构成的原则

构成机电一体化系统的五大组成要素之间必须遵循结构耦合、运动传递、信息控制与能量转换四大原则。

由于两个需要进行信息交换和传递的环节之间，信息模式不同（数字量与模拟量，串行码与并行码，连续脉冲与序列脉冲等）而无法直接传递和交换，必须通过接口耦合来实现。而两个信号强弱相差悬殊的环节之间，也必须通过接口耦合后，才能匹配。变换放大后的信号要在两个环节之间可靠、快速、准确地交换、传递，必须遵循一致的时序、信号格式和逻辑规范才行，因此接口耦合时就必须具有保证信息的逻辑控制功能，使信息按规定的模式进行交换与传递。例如：USB接口、声卡接口等。

运动传递使得构成机电一体化系统各组成要素之间，不同类型运动的变换与传输更加优化。例如：齿轮齿条传动、曲轴传动等。

智能组成要素，也就是系统控制单元，在软、硬件的保证下，完成信息的采集、传输、储存、分析、运算、判断、决策，以达到信息控制的目的。对于智能化程度高的信息控制系统还包含了知识获得、推理机制以及自学习功能等知识驱动功能。

两个需要进行传输和交换的环节之间，由于模式不同而无法直接进行能量的转换和交流，必须进行能量的转换，能量的转换包括执行器、驱动器和它们的不同类型能量的最优转换方法及原理。例如：电动机将电能转化为机械能。

3. 机电一体化系统的特点

（1）具有综合性

机电一体化技术是由机械技术、电子技术、微电子技术和计算机技术等有机结合形成的一门跨学科的边缘科学。各种相关技术被综合成一个完整的系统，在这一系统中，它们彼此相互苛刻要求又取长补短，从而不断地向着理想化的技术发展。因此机电一体化技术是具有综合性的高水平技术。

（2）广而强的应用性

机电一体化技术是以实现机电产品开发和过程控制为基础的技术，是可以渗透到机械系统和产品的普遍应用性技术，几乎不受行业限制。

（3）多层次的系统化

机电一体化是将工业产品和过程利用各种技术综合成一个完整的系统，强调各种技术（特别是微电子技术与精密机械技术）的协同和集成，强调层次化和系统化。无论从单参数、单级控制到多参数、多级控制，还是从单品生产工艺到整个系统工程设计，机电一体化技术都体现在系统各个层次的开发和应用中。

（4）整体的最优化

从系统工程观点出发，充分利用新技术及其相互交叉融合的优势，实现机电一体化系统（或产品）的高附加值、高效率、高性能、省材料、省能源、低损耗、低污染等。比如采用数控机床、柔性生产线、工业机器人和计算机管理等高科技机电一体化技术和系统以后，各企业就可以根据社会需求及时调整产品结构及生产过程，几乎不需要重新设计制造工艺设备，大大缩短了整个生产周期。

（5）使用简易化

机电一体化产品的开发需要开发人员不仅具有扎实的理论基础，而且具有广博的技术知识，还要不断地学习和更新相关知识。但是从使用上来看，一般用户对机电一体化系统（或产品）不必精通其原理，不必具有丰富的技术知识，用户需要的是功能强、操作简便、人机协作关系好的机电一体化系统（或产品）。

（6）提高了安全性

机电一体化系统一般都具有自动保护的功能，可减少人身和设备发生事故的可能性，显著地提高了安全性。有些机电一体化系统甚至可以在恶劣和危险的环境中作无人的自动操作。如机器人可以不顾危险，在海里、宇宙空间、核反应堆等一些危险场合工作。

（7）具有高可靠性、高稳定性和长寿命

机电一体化系统几乎没有机械磨损，因此系统的寿命提高，故障率降低，可靠性和稳定性增强。有些机电一体化系统甚至可以做到不需要维修，具有自动诊断、自动修复的功能。

（8）具有柔性

柔性是机电一体化系统的特点。根据需要的变化，用机电一体化技术无须改装系统就可以及时地对系统的结构和生产过程作必要的调整，因此机电一体化技术是解决多品种、小批量生产的重要途径。

4. 机电一体化系统涉及的主要技术领域

（1）机械技术

机械技术是机电一体化的基础，机械技术的着眼点在于如何与机电一体化技术相适应，利用其他高、新技术来更新概念，实现结构、材料、性能的变更，满足减小重量、缩小体积、提高精度、提高刚度及改善性能的要求。为此，应着重研究改进机械产品结构、开发新型复合材料、提高关键零部件的精度，以适应机电一体化的需要。在机电一体化系统制造过程中，经典的机械理论与工艺应借助于计算机辅助技术，同时采用人工智能与专家系统等，形成新一代的机械制造技术。

（2）计算机与信息技术

信息交换、存取、运算、判断与决策、人工智能技术、专家系统技术、神经网络技术均属于计算机信息处理技术。

（3）系统技术

系统技术即以整体的概念组织应用各种相关技术，找出能完成各个功能单元的技术方案，再将各功能单元和技术方案组成方案组进行分析和优选。系统技术在整个机电一体化系统中占有重要地位。从全局角度和系统目标出发，将总体分解成相互关联的若干功能单元，接口技术是系统技术中一个重要方面，它是实现系统各部分有机连接的保证。

（4）自动控制技术

其范围很广，在控制理论指导下，对设计后的系统进行仿真和现场调试，并使系统可靠地投入运行。控制技术包括如高精度定位控制、速度控制、自适应控制、自诊断校正、补偿、再现、检索等。

（5）传感检测技术

传感检测技术的重要元件是传感器，它是系统的感受器官，是实现自动控制、自动调节的关键环节。其功能越强，系统的自动化程度就越高。现代工程要求传感器能快速、精确地获取信息并能经受严酷环境的考验，它是机电一体化系统达到高水平的保护。

（6）伺服传动技术

包括电动、气动、液压等各种类型的传动装置，伺服系统是实现电信号到机械动作的转换装置与部件，对系统的动态性能、控制质量和功能有决定性的影响。它主要包括电动、气动、液压等传动装置。

5. 机电一体化发展前景

随着光学、通信技术、微细加工技术等进入了机电一体化，出现了光机电一体化和微机电一体化等新分支；同时，对机电一体化系统的建模设计、分析和集成方法都进行了深入研究。人工智能技术、神经网络技术及光纤技术等领域取得的巨大进步，为机电一体化技术开辟了发展的广阔天地，也为产业化发展提供了坚实的基础。未来机电一体化的主要发展方向如下：

（1）智能化

智能化是21世纪机电一体化技术发展的一个重要发展方向。人工智能在机电一体化建设者的研究中日益得到重视，机器人与数控机床的智能化就是重要应用。

所谓"智能化"是对机器行为的描述，是在控制理论的基础上，吸收人工智能、运筹学、计算机科学、模糊数学、心理学、生理学等新思想、新方法，模拟人类智能，使它具有判断推理、逻辑思维、自主决策等能力，以求得到更高的控制目标。当然，想要使机电一体化产品具有与人完全相同的智能，是不可能的，也是不必要的。但是，高性能、高速的微处理器使机电一体化产品赋有低级智能或人的部分智能，则是完全可能而必要的。智能机器人如图1-6所示。

（2）模块化

模块化是一项重要而艰巨的工程。由于机电一体化产品种类和生产厂家繁多，研制和开发具有标准机械接口、电气接口、动力接口、环境接口的机电一体化产品单元是一项十分复杂但又是非常重要的事。如研制集减速、智能调速、电动机于一体的动力单元，具有视觉、图像处理、

图1-6　智能机器人

识别和测距等功能的控制单元，以及各种能完成典型操作的机械装置。这样，可利用标准单元迅速开发出新产品，同时也可以扩大生产规模。这需要制定各项标准，以便各部件、单元的匹配和接口。

（3）网络化

计算机技术的突出成就是网络技术。网络技术的兴起和飞速发展给科学技术、工业生产、政治、军事、教育及人们的日常生活都带来了巨大的变革。各种网络将全球经济、生产连成一片，企业间的竞争也将全球化。机电一体化新产品一旦研制出来，只要其功能独到，质量可靠，很快就会畅销全球。由于网络的普及，基于网络的各种远程控制和监视技术方兴未艾，而远程控制的终端设备本身就是机电一体化产品。

例如：现场总线和局域网技术使家用电器网络化已成大势，利用家庭网络（Home Net）将各种家用电器连接成以计算机为中心的计算机集成家电系统（Computer Integrated Appliance System，CIAS），如图 1-7 所示。使人们在家里分享各种高新技术带来的便利与快乐。因此，机电一体化产品无疑将朝着网络化方向发展。

图 1-7 网络化的家电

（4）微型化

微型化兴起于 20 世纪 80 年代末，指的是机电一体化向微型机器和微观领域发展的趋势。国外称其为微电子机械系统（MEMS），泛指几何尺寸不超过 1 cm^3 的机电一体化产品，并向微米、纳米级发展。微机电一体化产品体积小、耗能少、运动灵活，在生物医疗、军事、信息等方面具有不可比拟的优势。微机电一体化发展的瓶颈在于微机械技术，微机电一体化产品的加工采用精细加工技术，即超精密技术，它包括光刻技术和蚀刻技术两类。如图 1-8 所示。

图 1-8　微型产品

（5）绿色化

工业的发达给人们的生活带来了巨大变化。一方面，物质丰富，生活舒适；另一方面，资源减少，生态环境受到严重污染。于是，人们呼吁保护环境资源，回归自然。绿色产品概念在这种呼声下应运而生，绿色化是时代的趋势。绿色产品在其设计、制造、使用和销毁的生命过程中，符合特定的环境保护和人类健康的要求，对生态环境无害或危害极少，资源利用率极高。设计绿色的机电一体化产品，具有远大的发展前途。机电一体化产品的绿色化主要是指，使用时不污染生态环境，报废后能回收利用。

（6）系统化

系统化的表现特征之一就是系统体系结构进一步采用开放式和模式化的总线结构。系统可以灵活组态，进行任意剪裁和组合，同时寻求实现多子系统协调控制和综合管理。表现特征之二是通信、互动功能的大大加强，特别是"人格化"发展引人注目，即未来的机电一体化更加注重产品与人的关系。机电一体化产品的最终使用对象是人，如何赋予机电一体化产品人的智能、情感、人性显得越来越重要。

同步练习

1. 简述什么是机电一体化技术，其包含的主要技术有哪些？
2. 简述机电一体化系统的组成要素、组成原则。
3. 简述机电一体化技术的前景。
4. 通过资料查阅，以一个你比较熟悉的、具有机电一体化特征的家用电器，分析其构成。

学习评价

课题学习评价表

序号	主要内容	考核要求	配分	得分
1	机电一体化的定义	1. 明确地说出，什么是机电一体化； 2. 能根据机电一体化的概念，说出几种常见的机电一体化产品； 3. 通过查阅资料，进一步认识到机电一体化技术在国民经济发展中的重要作用	30	
2	机电一体化技术的特点和发展趋势	1. 能说出机电一体化的主要特点； 2. 能通过资料的查阅，叙述机电一体化技术的发展趋势	25	
3	机电一体化技术的组成	1. 能明确机电一体化技术是由哪些主要的技术构成的； 2. 对照一个机电一体化的产品，能正确地指出各部分技术的运用成果； 3. 能结合已经学习过的专业知识，对照机电一体化技术的发展要求，了解这些专业知识的重要作用，明确需要进一步学习的内容	45	
备注			自评得分	

课题二
学习机械基础

知识目标

了解机械基础知识的范畴；熟悉常用机构类型；熟悉常用传动机构；了解齿轮系，熟悉轴、轴承其连接的内容；了解机械常见材料。

能力目标

初步具备识别机械结构及工作过程的能力，锻炼其分析问题、知识小结、资料查阅、拓展学习能力，培养继续学习兴趣。

案例导入

门座起重机

门座起重机是港口码头数量和使用最多、结构复杂、机构最多的典型装卸机械，如图 2 - 1 所示。它具有较好的工作性能和独特的优越结构，通用性好，被广泛地用在港口杂货码头。

图 2 - 1　门座起重机实体图

门座起重机主要由金属结构、工作机构（起升、运行、变幅及回转机构）、动力装置和控制系统组成，如图 2 - 1 所示。门座起重机可实现环形圆柱体空间货物的升降、移动，并可调整整机的工作位置，故可在较大的作业范围内满足货物的装卸。

门座起重机如何实现货物环形圆柱体空间的运移？其整机含有哪些常用机构？请学习以下内容。

 知识链接

门座起重机介绍

1. 门座起重机组成

如图 2 - 2 所示，门座起重机的上部旋转部分包括臂架系统、人字架、旋转平台、司机室等，还安装有起升机构、变幅机构、旋转机构。下部运行部分主要由门架和运行机构组成。

门座起重机简称为门吊、门机，是电力驱动、有轨运行的臂架类起重机之一。它的构造大体可分为两大部分：上部旋转部分和下部运行部分。上部旋转部分安装在一个高大的门形底架（门架）上，并相对于下部运行部分可以实现 360° 任意旋转。门架可以沿轨道运行，同时它又是起重机的承重部分。

图 2-2 门座起重机结构图

1—臂架；2—操纵室；3—电缆卷筒；4—运行机构；5—门架；6—回转柱；7—回转平台；

8—机器房；9—人字架；10—配重系统；11—拉杆；12—象鼻梁；13—吊钩

2. 门座起重机的技术参数

门座起重机的技术参数是说明门座起重机工作性能的指标，也是设计和选用起重机的依据。起重机的主要参数有：起重量、幅度、起升高度、各机构的工作速度、工作级别及生产率。此外，轨距、基距、外形尺寸、最大轮压、自重等也是重要参数。以 M10-30 港口门座起重机为例，表 2-1 列出该门座起重机的主要技术参数。

表 2-1 M10-30 型港口门座起重机技术参数

起重量/t		10
起升高度/m	吊钩	25
	抓斗	16
幅度/m	最大	30
	最小	8.5
轨距/m		10.5
基距/m		10.5
起升速度/（m·min^{-1}）		60（最小下降3.5）
变幅速度/（m·min^{-1}）		52

续表

回转速度/（r·min⁻¹）		1.48
运行速度/（m·min⁻¹）		27
电动机型号	起升	JZR₂72－10
	变幅	JZR₂52－8
	回转	JZR₂51－8
	运行	JZR₂31－6
最大轮压/kN		221
起重机最大高度/m		45
起重机总重/t		195

3. 门座起重机的工作过程

门座起重机四大工作机构中除行走机构在移位时需动作外，在货物装卸过程中起升、变幅与旋转 3 个机构相互配合以完成货物的装与卸，其中以起升为主，除了完成基本的装卸动作外，安全机构和安全措施也是系统的重点之一，如图 2－3 所示。

图 2－3　门座起重机工作机构过程

门座起重机的工作原理是：通过起升、变幅、旋转 3 种运动的组合，可以在一个环形圆柱体空间实现物品的升降、移动，并通过运行机构调整整机的工作位置，故可以在较大的作业范围内满足运移物品的需要。

学习任务一　认识常用机构

机构主要用以传递运动和动力或改变运动形式、运动轨迹等。如图 2－4 所示，门座起重机作业过程中货物的水平移动主要通过变幅机构实现，那么门座起重机的变幅机构为机械中哪类常用机构呢？其又如何实现货物水平移动呢？本任务主要学习以下几种常用机构：平面连杆机构、凸轮机构及其他常用机构。

图 2-4 门座起重机实体图

1. 平面连杆机构

平面连杆机构是所有机构全部用低副连接而成的平面机构，又称平面低副机构。低副是面接触、压强低、磨损小；两构件接触表面为圆柱面和平面，制造比较简单，易获得高精度；此外，这类机构容易实现常见的转动、移动及其转换。因而平面连杆机构在各种机械和仪器中获得广泛使用。其缺点是低副中的间隙会引起运动误差，连杆机构不易精确地实现复杂的运动规律，构件惯性力难以平衡，不宜高速运行。

平面连杆机构中，最常见的是由 4 个构件组成的四杆机构。门座起重机的变幅机构就是四连杆机构（臂架、象鼻梁、拉杆及机架）组成，如图 2-5 所示通过臂架围绕其下铰点的转动从而实现俯仰动作，最终带动起吊的货物实现水平移动，即变幅。

图 2-5 四连杆式组合臂架工作原理图

（1）铰链四杆机构

各构件之间均以转动副相连的四杆机构称为铰链四杆机构，如图 2-6 所示。其中，*AD*

为机架，与机架相连的杆 *AB*、*CD* 称为连架杆。连架杆相对于机架能作 360°整周回转的称为曲柄，只能在一定角度（＜360°）范围内作往复摇摆的称为摇杆。不与机架相连的杆 *BC* 称为连杆。

（a）

（b）

图 2-6 铰链四杆机构

（a）机器人骑自行车；（b）铰链四杆机构简图

根据铰链四杆机构中两连架杆运动形式的不同，铰链四杆机构有三种基本形式：曲柄摇杆机构、双曲柄机构和双摇杆机构。见表 2-2。

表 2-2 铰链四杆机构基本类型及应用举例

类型	说明	举例		
		机构简图	机构运动分析	
曲柄摇杆机构	两连架杆，一为曲柄，一为摇杆的铰链四杆机构	雷达天线机构	将曲柄的连续转动转换成摇杆的往复摆动	主动曲柄 1 转动，通过连杆 2 使固定在摇杆 3 上的天线作一定角度的摆动，以调整天线的俯仰角

类型	说明	举例	
		机构简图	机构运动分析
曲柄摇杆机构	两连架杆，一为曲柄，一为摇杆的铰链四杆机构	汽车刮雨器机构	将曲柄的连续转动转换成摇杆的往复摆动 / 主动曲柄 AB 转动，从动摇杆 CD 往复摆动，利用摇杆的延长部分实现刮水动作
		缝纫机踏板机构	将摇杆的往复摆动转换为曲柄的连续转动 / 操作工脚踩踏板往复摆动，即主动摇杆 CD 摆动，曲柄 AB 转动实现缝纫机飞轮的连续转动
双曲柄机构	两连架杆均是曲柄的铰链四杆机构	惯性筛机构（不等长双曲柄机构）	主动曲柄 AB 作匀速转动，从动曲柄 CD 作变速转动，通过构件 CE 使筛子产生变速直线运动，筛子内的物料因惯性而来回抖动
		铲斗机构（平行双曲柄机构）	两曲柄转向相同，角速度相等，连杆作平移运动。铲斗机构正是利用了连杆平动的特点，使铲斗中的土石不致泼出
		车门机构（反向双曲柄机构）	两曲柄的转向相反，角速度不相等。曲柄 AB 转动，能使两扇车门同时开启或关闭

续表

类型	说明	举例	
		机构简图	机构运动分析
双摇杆机构	两连架杆均为摇杆的铰链四杆机构	臂架起重机变幅机构	主动摇杆 AB 的往复摆动经连杆 BC 转换为从动摇杆 CD 的往复摆动。变幅时，AB 摆动引起的物品升降依靠起升绳卷绕系统及时收进或放出一定长度的起升绳来补偿，从而使物品能沿着水平线或近似水平线移动
		电风扇摇头机构	电动机的输出轴带动 AB 转动时，构件 AB 带动两个从动摇杆 AD 和 BC 作往复摆动，从而实现电风扇摇头动作

（2）平面连杆机构的结构和维护

平面连杆机构是面接触的低副机构，低副中的间隙会引起运动误差，所以要注意保证良好的润滑以减少摩擦、磨损。要定期检查运动副的润滑和磨损情况，以避免运动副严重磨损后间隙增大，进而导致运动精度丧失、承载能力下降。

维护机构的主要工作有清洁、检查、测试调整间隙、紧固紧固件、更换易损件、加润滑剂等。

2. 凸轮机构

凸轮机构为机械常用机构、应用广泛，如图 2-7 所示的内燃机内部结构图，活塞在活塞缸内的伸缩运动及图 2-8 所示的缝纫机的紧线机构中从动紧线爪的往复运动都是通过凸轮机构实现的。图 2-9 所示为一凸轮机构，通常有原动件凸轮 1、从动件 2 和机架 3 组成。由于凸轮与从动件组成的是高副，所以是高副机构。凸轮机构可将凸轮的连续转动或移动转换为从动件的连续或不连续的移动或摆动。可以实现许多复杂的运动要求，并且结构简单紧凑，因而在各种机械，特别是自动机械中被广泛地应用。

图 2-7　内燃机内部结构

图2-8　缝纫机紧线机构

图2-9　凸轮机构

（a）平面凸轮机构；（b）空间凸轮机构

1—凸轮；2—从动件；3—机架

（1）凸轮机构的分类

凸轮机构按构件形状与运动形式分为不同类型。

①按凸轮的形状分类：盘形凸轮是凸轮的基本形式；圆柱凸轮；移动凸轮。

②按从动件形式分类，如图2-10所示：尖顶从动件，适用于作用力不大和速度较低的场合，如仪器仪表中的凸轮控制机构等；滚子从动件，因滚动摩擦，磨损较小，可传递较大动力，故应用广泛；平底从动件，润滑较好，适用于高速传动。

图2-10　从动轮的结构型式

③按从动件的运动形式分类：直动从动件与摆动从动件。

④按锁合方式分类：力锁合与形锁合。

（2）凸轮机构的应用

凸轮机构的结构简单紧凑，易于设计，只要适当地设计凸轮轮廓，就可以使从动件实现特殊的或复杂的运动规律；缺点是凸轮轮廓曲线的加工比较复杂，且凸轮与从动件为点、线接触的高副机构，易磨损，不便润滑，故传力不大。在自动机或半自动机中，广泛应用着凸轮机构。

图2-11所示为凸轮机构可以使机构5实现预期运动规律的往复移动。利用图2-12所示的凸轮机构可以使构件4实现预期运动规律的往复摆动。而利用图2-13所示的所谓双凸轮机构不仅可以使构件4实现预期的运动要求，而且可以使构件4上的F点按照所需要的轨迹运动。

图 2 – 11　实现预期运动的凸轮机构

图 2 – 12　往复摆动凸轮机构

图 2 – 13　双凸轮机构

凸轮机构中凸轮轮廓与从动件构成的高副是点或线接触，难以形成润滑油膜，所以易磨损。一般凸轮多用在传递动力不大的场所。

3. 其他常用机构

在机械中，除前面介绍的平面连杆机构、凸轮机构外，还经常会用到螺旋机构和间歇运动机构等类型繁多、功能各异的机构。主动件作连续运动，从动件作周期性间歇运动的机构，称为间歇运动机构。

（1）螺旋机构

螺旋机构由螺杆、螺母和机架组成（一般把螺杆和螺母之一作成机架），其主要功用是将旋转运动变换为直线运动，并同时传递运动和动力，是机械设备和仪器仪表中广泛应用的一种传动机构。螺杆与螺母组成低副，粗看似乎有转动和移动两个自由度，但由于转动与移动之间存在必然联系，故它仍只能视为一个自由度。

按用途和受力情况，螺旋机构又可分为以下几类：

①传力螺旋：以传递轴向力为主，如起重螺旋或加压装置的螺旋。这种螺旋一般工作速度不高，通常要求有自锁能力。如图 2 – 14 所示的螺旋起重机构。

②传导螺旋：以传递运动为主，如机床的进给丝杠等。这种螺旋通常速度较高，要求有较高的传动精度，如图 2 – 15 所示。

图 2 – 14　手动起重机

③调整螺旋：用于调整零件的相对位置，如机床、仪器中的微调机构。如图 2 – 16 所示为虎钳钳口调节机构，可改变虎钳钳口距离，以夹紧或松开工件。

图 2-15　车床进给螺旋机构

图 2-16　虎钳钳口调节机构

螺旋机构具有结构简单、工作连续平稳、传动比大、承载能力强、传递运动准确，易实现自锁等优点，故应用广泛。

螺旋机构的缺点是摩擦损耗大、传动效率低。随着滚珠螺纹的出现，这些缺点已得到很大的改善。

（2）棘轮机构

如图 2-17 所示的棘轮机构，由棘轮 3、棘爪 2、摇杆 1、弹簧 5 及止动爪 4 组成。曲柄摇杆机构将曲柄的连续转动换成摇杆的往复摆动。当摇杆顺时针摆动时，主动棘爪 2 啮入棘轮 3 的齿槽中，从而推动棘轮顺时针转动；当摇杆逆时针摆动时，主动棘爪 2 插入棘轮 3 的齿间，推动棘轮转过某一角度。此时，棘轮在止退棘爪的止动下停歇不动，弹簧的作用是将棘爪贴紧在棘轮上。在摇杆作往复摆动时，棘轮作单向时动时停的间歇运动。因此，棘轮机构是一种间歇运动机构。

图 2-17　棘轮机构

1—摇杆；2—棘爪；3—棘轮；4—止动爪；5—弹簧

机构可分为齿式棘轮机构和摩擦式棘轮机构两大类。

齿式棘轮机构有外啮合与内啮合两种形式。按棘轮齿形分，可分为锯齿形齿和矩形齿两种。矩形齿用于双向转动的棘轮机构。

（3）槽轮机构

槽轮机构是利用圆销插入轮槽时拨动槽轮，脱离轮槽槽轮停止转动的一种间歇运动机构。可分为外槽轮机构和内槽轮机构，其结构分别如图 2-18 所示。

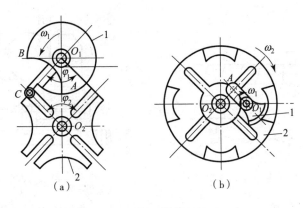

图 2-18　槽轮机构

（a）外槽轮机构；（b）内槽轮机构

1—主动拨盘；2—从动槽轮

　　槽轮机构由带销的主动拨盘 1、具有径向槽的从动槽轮 2 和机架组成。拨盘 1 为主动件，作连续匀速转动，通过主动拨盘上的圆销与槽的啮入啮出，推动从动槽轮作间歇转动。为防止从动槽轮在生产阻力下运动，拨盘与槽轮之间设有锁止弧。锁止弧是以拨盘中心 O_1 为圆心的圆弧，只允许拨盘带动槽轮转动，不允许槽轮带动拨盘转动。

　　槽轮机械结构简单，转位方便，工作可靠，传动平稳性较好，能准确控制槽轮转动的角度。但槽轮的转角大小受槽数 Z 的限制，不能调整，且在槽轮转动的始、末位置存在冲击，因此，槽轮机构一般应用于转速较低，要求间歇地转动一定角度的自动机的转位或分度装置中。如图 2-19 所示的槽轮机构是用于六角车床刀架转位。刀架 3 装有 6 把刀具，与刀架一体的是六槽外槽轮 2，拨盘 1 回转一周，槽轮转过 60°，使下一道工序所需的刀具转换到工作位置上。图 2-19 所示为自动机中的自动传送链装置，拨盘 1 使六槽外槽轮 2 间歇传动，并通过齿轮传至链轮，从而得到传送链的间歇运动，以满足自动流水线上装配作业的要求。

　　（4）不完全齿轮机构

　　不完全齿轮机构是在一对齿轮传动中的主动齿轮上只保留 1 个或几个轮齿。不完全齿轮机构是由渐开线齿轮机构演变而成的与棘轮机构、槽轮机构一样，同属于间歇运动机构。不完全齿轮机构有外啮合和内啮合两种，如图 2-20 所示。

图 2-19　六角车床刀架　　　　　　　图 2-20　不完全齿轮机构

1—拨盘；2—六槽外槽轮；3—刀架　　　　　　1—主动齿轮；2—从动齿轮

与其他间歇运动机构相比，不完全齿轮机构的结构更为简单，操作更为可靠，且传递力大，从动轮转动和停歇的次数、时间、转角大小等的变化范围均较大。缺点是工艺复杂，从动轮运动的开始和结束的瞬时，会造成较大冲击，故多用于低速、轻载场合。如在多工位自动、半自动机械中，用作工作台的间歇转位机构及某些间歇进给机构、计数机构等。

4. 分度定位机构

实际生产中具有分度定位作用的机构很多，正如前面介绍的棘轮机构及不完全齿轮机构都可用于分度定位。现简单介绍蜗形凸轮和圆柱凸轮带动滚子盘实现的分度定位机构。

（1）蜗形凸轮分度定位机构

蜗形凸轮分度定位机构如图 2 – 21 所示，其主动件是蜗形凸轮 1，从动件是滚子盘 2。滚子盘回转轴线与凸轮回转轴线呈直角相错，中心距为 a。滚子盘上沿径向均布若干滚子。各滚子的轴线及凸轮的轴线在统一平面内。凸轮工作表面是与滚子工作表面（外圆柱面）相共轭的曲面。由分度曲面（蜗形）与定位曲面（环形）两部分光滑相接。在无侧隙的理想状态下，始终有两个滚子与凸轮相啮合。当滚子与环形定位曲面啮合时，滚子盘处于定位状态；当滚子与蜗形分度曲面啮合时，滚子盘处于分度过程。

图 2 – 21 蜗形凸轮分度定位机构示意图
1—蜗形凸轮；2—滚子盘

一般，凸轮作等速连续回转运动，其回转方向不限。凸轮回转一周，滚子盘实现一次分度和定位，凸轮定位环面所占圆心角的大小，决定定位状态的持续时间，从而也决定分度过程的时间（当凸轮角速度为常数时）。

凸轮也可以作断续回转运动，此时，滚子盘的分度与定位时间以及分度过程的运动规律，不仅与凸轮的工作表面有关，而且与凸轮断续回转的运动参数有关。

（2）圆柱凸轮分度定位机构

圆柱凸轮分度定位机构如图 2 – 22 所示，其主动件是圆柱凸轮 1，从动件是滚子盘 2。滚子盘回转轴线与凸轮回转轴线呈直角相错，中心距为 a。滚子盘上均布若干滚子，各滚子的轴线与滚子盘轴线平行。

凸轮工作表面由分度曲面与定位环面两部分光滑相接。分度曲面与滚子啮合的过程实现滚子盘分度转位，在此过程中只有一个滚子与分度曲面相接触。当运转到定位环面与滚子相啮合时，滚子盘静止不动即实现定位，此时，若在无侧隙的理想状态下，有两个滚子分别与定位环的两侧面接触。若采用锥形滚子，则可通过调整滚子盘的轴向位置来调整侧隙，使侧隙达到最小或产生一定的预紧以提高定位精度。

分度曲面也可以设计成始终与两个滚子接触的形状，此时凸轮轴向尺寸较小。

图 2–22　圆柱凸轮分度定位机构示意图

1—圆柱凸轮；2—滚子盘

学习任务二　认识传动机构

1. 齿轮传动

齿轮传动是机械传动中最重要的一种传动形式，各种机械设备几乎都离不开齿轮传动，包括汽车、飞机、发电设备等。齿轮传动是利用两齿轮的轮齿相互啮合传递动力和运动的机械传动。

（1）齿轮传动的类型

通常可按齿轮轴线的相对位置、齿轮啮合的情况、齿轮曲线的形状、齿轮传动的工作条件及齿面的硬度等进行分类。

齿轮传动根据齿廓形式不同，有渐开线齿轮传动、摆线齿轮传动、圆弧齿轮传动等。应用最为广泛的是渐开线齿轮传动，其传动的速度和功率范围很大，线速度可达 200 m/s，功率可达 40 000 kW，传动效率高，一对齿轮可达 0.98～0.995；传动比稳定；结构紧凑；对中心距的敏感性小，即互换性好，装配和维修方便；可以进行变位切削及各种修形、修缘，从而提高传动质量；易于进行精密加工。但制造成本较高，需要专门的机床、刀具和测量仪器等。

　　齿轮传动按其工作条件，可以分为开式齿轮传动和闭式齿轮传动。在开式传动中齿轮暴露在外界，杂物容易侵入齿轮啮合区域，不能保证良好的润滑，且传动系统精度和刚度都较低，只适用于低速传动。在闭式传动中，齿轮封闭在刚度很好的箱体内，能保持良好的润滑。

　　根据传动过程中两个齿轮轴线的相对位置，齿轮传动可分为三类：圆柱齿轮传动、圆锥齿轮传动和蜗杆蜗轮传动。圆柱齿轮传动用于两轴线平行时的传动，圆柱齿轮的轮齿有直齿、斜齿和人字齿三种，如图2－23（a）～（e）所示。圆锥齿轮传动用于两轴线相交时的传动，如图2－23（f）所示。蜗杆蜗轮传动用于两轴线交错时的传动，如图2－23（g）所示。

图2－23　齿轮传动的类型

 知识链接

齿轮材料及其热处理

　　齿轮材料及其热处理是影响齿轮承载能力和使用寿命的关键因素。根据齿轮的失效形式，选择齿轮材料及其热处理时，要综合考虑轮齿的工作条件（如载荷的大小、工作环境等）、加工工艺、材料来源及经济性等因素，以使齿轮在满足性能要求的同时具有较低的成本。为了使齿轮能够正常地工作，应满足"齿面要硬，齿芯要韧"的要求，即轮齿表面具有较高的硬度，以增强它的抗点蚀、抗磨损、抗胶合和抗塑性变形的能力；轮齿芯部具有较好的韧性，以增强它承受冲击载荷的能力。

1. 齿轮的材料

　　齿轮常用的材料有钢、铸铁、非金属材料等。齿轮的常用材料是锻钢，只有当齿轮的尺寸较大（400 mm < a < 600 mm）或结构复杂不容易锻造时，才采用铸钢。在一些低速轻载的开式齿轮传动中，也常采用铸铁齿轮。在高速、小功率、精度要求不高或需要低噪音的特殊齿轮传动中，可以采用非金属材料齿轮。

　　（1）锻钢

　　锻钢（包括各种轧钢）其力学性能比铸钢要好，因此齿轮材料首选锻钢。

　　软齿面齿轮：常用的材料有45、50、40Cr、35SiMn，热处理方法一般是调质或正火处理，其齿面硬度较低，齿面的精加工可以在热处理后进行，以消除热处理变形，保持齿轮的精度，易于跑合，但是不能充分发挥材料的承载能力，广泛应用于对强度和精度要求不太高的一般中低速齿轮传动，以及热处理和齿面精加工比较困难的大型齿轮。

　　硬齿面齿轮：常用的材料有20Cr、20CrMnTi、38CrMoAl、45、40Cr等，采用渗碳淬火、表面淬火、整体淬火等热处理。硬齿面正逐渐得到广泛使用。

（2）铸钢

耐磨性和强度均较好，承载能力稍低于锻钢，常用于尺寸较大（400 mm < d < 600 mm）且不宜锻造的场合。

（3）铸铁

抗弯及耐冲击性较差，主要用于低速、工作平稳、传递功率不大和对尺寸与重量无严格要求的开式齿轮。

（4）非金属材料

常用的非金属材料如夹布胶木、尼龙，弹性模量小，在承受相同载荷的情况下，接触应力低，但它的硬度、接触强度和抗弯强度低。常用于高速、小功率、精度不高或要求噪声低的场合。

2. 齿轮热处理

齿轮热处理工艺一般有调质正火、碳渗（或碳氮共渗）、氮化、感应淬火4类。当前总的趋势是提高齿面硬度，渗碳淬火齿轮的承载能力可比调质齿轮提高2~3倍。

调质处理通常用于中碳钢和中碳合金钢齿轮。调质后材料的综合性能良好，容易切削和跑合。正火处理通常用于中碳钢齿轮。正火处理可以消除内应力，细化晶粒，改善材料的力学性能和切削性能。

硬齿面齿轮，硬度大于350HBS，采用的热处理方法是表面淬火、表面渗碳淬火与渗氮等得到。表面淬火处理通常用于中碳钢和中碳合金钢齿轮。经过表面淬火后齿面硬度一般为40~55HRC，增强了轮齿齿面抗点蚀和抗磨损的能力，齿芯仍然保持良好的韧性，故可以承受一定的冲击载荷。渗碳淬火齿轮可以获得高的表面硬度、耐磨性、韧性和抗冲击性能，能提供高的抗点蚀、抗疲劳性能。

与大齿轮相比，小齿轮循环次数较多，而且齿根较薄。两个软齿面齿轮配对时，一般使小齿轮的齿面硬度比大齿轮高出30~50HBS，以使一对软齿面传动的大小齿轮的寿命接近相等，也有利于提高轮齿的抗胶合能力。而两个硬齿面齿轮配对时的大小齿轮的硬度大致相同。

（2）齿轮传动的应用

齿轮已涉足于各行各业的多种产品，如图2-24所示。如：减速器、汽车及门座起重机等，针对门座起重机的回转机构就是通过大型齿轮传动实现，以扩大货物的装卸范围。

2. 带传动

（1）带传动的工作原理

带传动一般由主动轮1、从动轮2和传动带3组成。带传动以具有弹性和柔性的带作为挠性件绕在两个或两个以上的带轮上，依靠带与带轮之间所产生的摩擦（或啮合）来传递运动和动力。如图2-25所示。

（a）

（b）

转向器壳
转向齿条
转向齿轮
挡盖
挡块
转向齿条
转向齿轮
调整螺钉
盖板
调整螺钉座
压块
压块衬片
轴承
衬套
防尘护罩

A—A

1 2 3 4 5 6
7
8
a

（c）

倒挡齿 6挡齿 5挡齿
输出到差速器
离合器1
离合器2
输入轴2
发动机
输入轴1
差速器
输出到差速器
2挡齿（啮合） 4挡齿 3挡齿 1挡齿（啮合）

（d）

图 2-24 齿轮传动的各种应用

（a）减速器中齿轮的应用；（b）轿车转向器中齿轮的应用；（c）外啮合齿轮泵中齿轮的应用；（d）汽车变速器中齿轮的应用
1—后盖；2—轴承；3—泵体；4—主动轮；5—前盖；6—泵轴；7—键；8—从动轮

（a） （b）

图 2-25 带传动

(a) 摩擦型带传动；(b) 啮合型带传动

（2）带传动的特点

由于带具有弹性和柔性而使带传动具有以下优点：

①吸收振动，缓和冲击，传动平稳，噪声小。

②摩擦型带传动结构简单，制造和安装精度不像啮合传动那样严格。

③对于摩擦型带传动，过载时打滑，防止其他机件损坏，起到过载保护作用。

④中心距可以较大。

⑤无须润滑，维护成本低。

其缺点是：

①摩擦型带与带轮之间存在一定的弹性滑动，故不能保证恒定的传动比，传动精度和传动效率较低。

②由于摩擦型带工作时需要张紧，带对带轮轴有很大的压轴力。

③带传动装置外廓尺寸大，结构不够紧凑。

④带的寿命较短，需经常更换。

（3）带传动的类型

根据工作原理的不同，带传动分为摩擦型和啮合型两大类。见表 2-3。

表 2-3 带传动的类型

类型		简图	说明
摩擦型	平带	F_Q F_N	结构最简单，绕曲性好，易于加工，在传动中心距较大场合应用较多

类型			简图	说明
摩擦型		V 带		传动比较大，承载能力大，结构紧凑，一般机械常用 V 带传动
	特殊带	多楔带		带体柔性好，结构合理，寿命长，传动效率高，适用于结构要求紧凑、传动功率大的高速传动
		圆带		适用于缝纫机、仪表等低速小功率传动
啮合型		同步带		传动平稳，传动比准确，传动精度高，结构较复杂，传动比准确，传动效率高，用于对制造、安装的精度要求高的场合

知识链接

带传动的材料

平型动力传动胶带的骨架材料为帆布。无炭黑胶料的平型动力传动胶带可采用棉帆布，以使带体美观，操作方便。维尼纶帆布或维棉混纺纱帆布既有一定的尺寸稳定性，又易于与橡胶黏合，是平型传动胶带较为理想的骨架材料。大功率动力传动带以棉帆布为骨架材料时需采用重型帆布或通过增大帆布层数获得足够的强度，但由于带体厚且质量较大，使传动带的屈挠性变差，传动能耗增大，因此最好采用聚酯帆布。

国外发达国家 V 带骨架材料已基本实现了线绳化，我国 V 带工业也把线绳化作为发展方向，但目前还有相当数量的帘布结构包布式 V 带。

目前，国内包布式 V 带采用聚酯帘布或维尼纶帘布。聚酯帘布在浸渍热处理工艺中应适当加大拉伸负荷，使其断裂伸长率控制在 12% 以下，以保证 V 带有足够的尺寸稳定性。

包布式 V 带用线绳（软线绳）多采用聚酯线绳，国外也有一定量的芳纶线绳、人造丝线绳、维尼纶线绳和尼龙线绳。切割式 V 带用线绳（硬线绳）要求有整体性，普遍采用聚酯硬线绳，而芳纶硬线绳主要用于有特殊要求、价值较高的胶带。聚酯硬线绳可用普通聚酯长丝制造。

同步带用线绳除应具备 V 带线绳的各项性能外，对尺寸稳定性有极高的要求。通常采用芳纶或玻璃纤维线绳，微型同步带也可采用聚酯线绳，聚氯酯同步带用线绳无须进行浸渍处理，成品胶带透明美观。

（4）带传动的应用

一般情况下，带传动传递的功率 $P \leqslant 100$ kW，带速 $v = 5 \sim 25$ m/s，平均传动比 $i \leqslant 5$，传动效率为 94% ~ 97%。同步齿形带的带速为 40 ~ 50 m/s，传动比 $i \leqslant 10$，传递功率可达 200 kW，效率高达 98% ~ 99%，多用在需要精确传动比的地方。对于不需精确传动比的场合，其他形式的带传动被广泛应用，尤其是在传动中心距较大的场合，如农业机械、食品加工机械、汽车及自动化设备等，如图 2-26 所示。

（a） （b）

图 2-26 带传动的应用

（a）带式输送机；（b）斗轮机堆取料机

多楔带（兼平带）传动

（c）　　　　　　　　　　　（d）

图 2-26　带传动的应用（续）

（c）拖拉机；（d）轿车发动机

3. 链传动

（1）链传动的工作原理

链传动由装在平行轴上的链轮和跨绕在两链轮上的环形链条所组成，如图 2-27 所示，以链条作中间挠性件，靠链条与链轮轮齿的啮合来传递运动和动力。

（a）　　　　　　　　　　　（b）

图 2-27　链传动

（a）自行车；（b）链传动简图

（2）链传动的特点

链传动结构简单、耐用、维护容易，运用于中心距较大的场合。与带传动相比，链传动能保持准确的平均传动比；没有弹性滑动和打滑；需要的张紧力小；能在温度较高，有油污等恶劣环境条件下工作。与齿轮传动相比，链传动的制造和安装精度要求较低；成本低廉；能实现远距离传动；但瞬时速度不均匀，瞬时传动比不恒定；传动中有一定的冲击和噪音。

（3）链传动的应用

链传动的传动比 $i \leqslant 8$；中心距 a 一般可取 $(30 \sim 50)p$，最大中心距 $a_{max} \leqslant 80p$，p 为链节距；传递功率 $P \leqslant 100$ kW；圆周速度 $v \leqslant 15$ m/s；传动效率 $\eta = 0.92 \sim 0.96$。链传动广泛用于矿山机械、农业机械、石油机械、机床及机动车辆中，如图 2-28 所示。

图2-28 链传动的应用

学习任务三　认识基础零件

1. 轴

轴是一种重要的非标准零件，其功用主要是支持旋转零件（如齿轮、凸轮、带轮等），并能传递运动和转矩，如图2-29所示。它的结构和尺寸由被支持的零件和支承的轴承的结构和尺寸决定。

图2-29 传动结构简图

按轴的功用和承载情况，轴可分为3种类型，见表2-4。

表 2-4 轴的类型

类型		图示	说明
心轴	转动心轴	火车轮轴	只承受弯矩不传递转矩的轴,起支承作用
	固定心轴	自行车前轴	
传动轴		汽车传动轴	主要承受转矩不承受或承受很小的弯矩的轴,起传递动力的作用
转轴		传动齿轮轴	既传递弯矩又承受转矩的轴,既起支承作用又起传递动力作用,是机械中最常用的一种轴

按轴线几何形状的不同,轴可分为直轴(光轴、阶梯轴如图 2-30 所示)、曲轴(如图 2-31 所示)、挠性轴(如图 2-32 所示)。曲轴常用于往复式机械(如曲柄压力、内燃机等)和行星轮系中。轴又可分为实心轴和空心轴。圆截面阶梯轴加工方便,各轴段截面直径不同,一般两端小、中间粗,符合等强度设计原则,并便于轴上零件的装拆和固定,所以在一般机械中,阶梯轴应用最广泛。

图 2-30 阶梯轴

图 2-31 曲轴

图 2-32 挠性轴

知识链接

轴的选材及热处理

轴的材料是决定轴的承载能力的重要因素。选择轴的材料应考虑工作条件对它提出的强度、刚度、耐磨性、耐腐蚀性方面的要求，同时还应考虑制造的工艺性及经济性。

轴的常用材料是优质碳素钢35、45、50，最常用的是45和40Cr钢。对于受载较小或不太重要的钢，也常用Q235或Q275等普通碳素钢。对于受力较大，轴的尺寸和重量受到限制，以及有某些特殊要求的轴，可采用合金钢，常用的有40Cr、40MnB、40CrNi等。

球墨铸铁和一些高强度铸铁，由于铸造性能好，容易铸成复杂形状，且减振性能好，应力集中敏感性低，支点位移的影响小，故常用于制造外形复杂的轴。

特别是我国研制成功的稀土镁球墨铸铁，冲击韧性好，同时具有减摩、吸振和对应力集中敏感性小等优点，已用于制造汽车、拖拉机、机床上的重要轴类零件，如曲轴等。

根据工作条件要求，轴都要整体热处理，一般是调质，对不重要的轴采用正火处理。对要求高或要求耐磨的轴或轴段要进行表面处理，以及表面强化处理（如喷丸、辊压等）和化学处理（如渗碳、渗氮、氮化等），以提高其强度（尤其疲劳强度）和耐磨、耐腐蚀等性能。

在一般工作温度下，合金钢的弹性模量与碳素钢相近，所以只为了提高轴的刚度而选用合金钢是不合适的。

轴一般由轧制圆钢或锻件经切削加工制造。轴的直径较小时，可用圆钢棒制造；对于重要的、大直径或阶梯直径变化较大的轴，多采用锻件。为节约金属和提高工艺性，直径大的轴还可以制成空心的，并且带有焊接的或者锻造的凸缘。对于形状复杂的轴（如凸轮轴、曲轴）可采用铸造。

2. 轴承

轴承是当代机械设备中一种举足轻重的零部件。它的主要功能是支撑机械旋转体，用以降低设备在传动过程中的机械载荷摩擦系数。按运动元件摩擦性质的不同，轴承可分为滚动轴承和滑动轴承两类。

（1）滚动轴承

滚动轴承由于是滚动摩擦，摩擦阻力小、发热量小、效率高，启动灵敏、维护方便，并且已标准化，便于选用与更换，因此使用十分广泛。

标准滚动轴承的组成：外圈、内圈、滚动体（基本元件）及保持架，如图2-33所示。

一般内圈装在轴颈上随轴一起回转，外圈装在轴承座孔内，一般不转动（也有相反），内外圈上均有凹的滚道，滚道一方面限制滚动体的轴向移动，另一方面可降低滚动体与滚道间的接触应力。

滚动体是滚动轴承的核心元件，常见的形状有球形：球轴承；柱形：短圆柱形、长圆柱形、圆锥滚子、螺旋滚子、鼓形滚子及滚针，如图2-34所示。

图 2-33　滚动轴承的结构

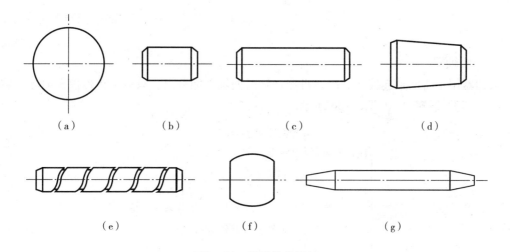

图 2-34　滚动体的形状

（a）球；（b）短圆柱滚子；（c）长圆柱滚子；（d）圆锥滚子；（e）螺旋滚子；

（f）鼓形滚子；（g）滚针

保持架将滚动体均匀隔开，以避免滚动体相互接触引起磨损与发热。

（2）滑动轴承

滑动轴承按润滑状态可分为非液体滑动轴承、液体滑动轴承及无润滑轴承。非液体滑动轴承轴颈与轴瓦间的润滑油膜很薄，无法将摩擦表面隔开，局部金属直接接触，磨损严重；液体滑动轴承润滑油膜可将摩擦表面完全隔开，轴颈和轴瓦表面不会发生直接接触，磨损小且油膜有一定吸振能力；而无润滑轴承指工作前和工作时不加润滑剂。

滑动轴承根据其承载方式可分为径向滑动轴承（受径向力）和推力滑动轴承（受轴向力），径向滑动轴承［如图 2-35（a）所示］按其机构又可分为整体式［2-35（b）］和剖分式［2-35（c）］。其中整体式结构简单，价格低廉，但轴的拆装不方便，磨损后轴承的径向间隙无法调整，适用于轻载、低速或间歇工作场合。而剖分式拆装方便，磨损后轴承的径向间隙可以调整，故应用广泛。

（a）　　　　　　　　　　（b）　　　　　　　　　　　（c）

图 2-35　滑动轴承

（a）滑动轴承实体图；（b）整体式滑动轴承结构示意图；（c）剖分式滑动轴承结构示意图

1—轴承座；2—轴承盖；3—对开轴瓦；4—双头螺柱

3. 联轴器与离合器

联轴器和离合器用来连接轴与轴（或回转零件），以传递转动和扭矩；有时也可用作安全装置。

（1）联轴器

联轴器用于将两轴连接在一起，机器运转时两轴不能分离，只有在机器停车时才可将两轴分离；其类型较多，如图 2-36 所示。

（a）　　　　　（b）　　　　　（c）　　　　　（d）

图 2-36　联轴器

（a）凸缘联轴器；（b）齿式联轴器；（c）十字滑块联轴器；（d）十字轴式万向联轴器

齿式联轴器中，所用齿轮的齿廓曲线为渐开线，压力角为20°，齿数一般为30～80，材料一般用45号钢或ZG10－5700。这类联轴器能传递很大的转矩，并允许有较大的偏移量，安装精度要求不高；但质量较大，成本较高，在重型机械中广泛应用。十字轴式万向联轴器结构紧凑，维护方便，广泛应用于汽车、多头钻床等机器的传动。中小型的十字轴式万向联轴器已标准化，设计时可按标准选用。

（2）离合器

离合器在机器运转过程中，可使两轴随时接合或分离。它可用来操纵机器传动的断续，以便进行变速或换向。

离合器在机器运转中可将转动系统随时分离或接合。对离合器的基本要求有：接合平稳、分离迅速而彻底、调节和修理方便、轮廓尺寸小、质量小、耐磨性好和有足够的散热能力、操作方便省力。

常用的离合器按操纵方式分为机械式、气动式、液压式、电磁式、超越式、离心式、安全离合器；按结合原理分为啮合式及摩擦式。如图2－37所示。

（a）　　　　　　　　　　（b）　　　　　　　　　　（c）

图2－37　离合器

（a）机械式离合器；（b）电磁啮合式离合器；（c）摩擦式离合器

4. 螺纹连接

为便于机器制造、安装、调整、维修以及运输、减重、省料、降低成本、提高效率等，必须采用各种方式连接成整体，才能实现上述要求。连接已成为近代机械设计中最有挑战的课题之一。

连接一般分为静连接和动连接。静连接为被连接件间不允许产生相对运动。含不可拆连接：铆、焊；介于可拆不可拆之间，胶（粘）接等；及可拆连接：螺纹、键、花键、销、成型的连接等。而动连接为被连接零件间可产生相对运动，如各种运动副连接。

（1）螺纹的类型和应用

①按牙型分类：

三角形（普通螺纹）、管螺纹——连接螺纹；

矩形螺纹，梯形螺纹，锯齿形螺纹——传动螺纹。

②按螺纹位置分类：

内螺纹——在圆柱孔的内表面形成的螺纹；

外螺纹——在圆柱孔的外表面形成的螺纹。

③三角形螺纹分类：

粗牙螺纹——用于紧固件；

细牙螺纹——同样的公称直径，螺距越小、自锁性越好，适于薄壁细小零件和冲击变载等情况。

（2）螺旋传动

螺旋传动将回转运动转变成直线运动，同时传递运动、动力。其传动形式如下：

①螺杆转动螺母移动。

②螺杆同时转动和移动（螺母固定）。

③螺母转动螺杆移动。

④螺母同时转动和移动（螺杆固定）。

按用途分三类：

①传力螺旋——举重器、千斤顶、加压螺旋。特点：低速、间歇工作，传递轴向力大、自锁。

②传导螺旋——机床进给丝杠传递运动和动力，特点：速度高、连续工作、精度高。

③调整螺旋——机床、仪器及测试装置中的微调螺旋。其特点是受力较小且不经常转动。

（3）螺纹紧固件

常用的螺纹紧固件有螺栓、螺柱、螺钉和紧定螺钉等，多为标准件（见标准紧固件），如图2-38所示。采用螺栓连接时，无须在被连接件上切制螺纹，不受被连接件材料的限制，构造简单，装拆方便，但一般情况下需要在螺栓头部和螺母两边进行装配。螺纹连接的特点如下：

①螺纹拧紧时能产生很大的轴向力。

②它能方便地实现自锁。

③外形尺寸小。

④制造简单，能保持较高的精度。

螺栓连接是应用很广的连接方式，它分为紧连接和松连接。

图2-38　螺纹紧固件

5. 弹簧

弹簧是机械和电子行业中广泛使用的一种弹性元件，如图2-39所示。弹簧在受载时能产生较大的弹性变形，把机械能或动能转化为变形能，而卸载后弹簧的变形消失并恢复原状，将变形能转化为机械能。

（a） （b）

图2-39 弹簧的应用

（a）测力计；（b）火车车厢底

（1）弹簧的功用

①缓冲及吸振。

②测量力和力矩。

③储存能量。

④控制机构的位置和运动。

（2）弹簧的类型

按性质不同分为压缩弹簧、拉伸弹簧、扭转弹簧和弯曲弹簧，如图2-40所示。

（a） （b） （c） （d）

图2-40 弹簧类型（一）

（a）拉伸弹簧；（b）扭转弹簧；（c）压缩弹簧；（d）弯曲弹簧

按外形又可分为：螺旋弹簧、碟形弹簧、环形弹簧、涡卷弹簧和板簧，如图2-41所示。

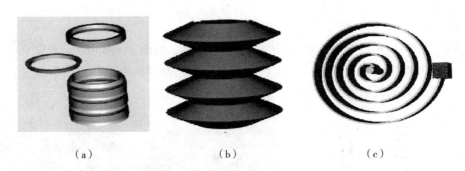

(a) (b) (c)

图 2-41 弹簧类型（二）

（a）环形弹簧；（b）碟形弹簧；（c）涡卷弹簧

按弹簧的重要性和载荷性质：

Ⅰ类：受变载荷作用次数在 10^6 以上的重要弹簧（气门弹簧、制动弹簧）。

Ⅱ类：受变载荷作用次数在 $10^3 \sim 10^5$ 以上或受冲击载荷的弹簧（调速器弹簧、车辆弹簧）。

Ⅲ类：受变载荷作用次数在 10^3 以下（静载荷）的弹簧（安全阀弹簧、离合器弹簧）。

6. 导轨

机床导轨的功用是支承和导向，运动部件在外力作用下沿着床身、立柱、横梁等支承件上的导轨面准确地沿一定方向运动。与运动部件联成一体的导轨叫动导轨，与支承件联成一体的导轨称为支承导轨。常见的导轨形式如图 2-42 所示。

图 2-42 导轨形式

导轨按运动轨迹分直线运动导轨和圆周运动导轨；按工作性质分主运动导轨、进给运动导轨、调整位置用导轨；按摩擦性质分为滑动导轨和滚动导轨。滑动导轨中有普通滑动导轨、贴塑导轨、液体动—静压导轨、气体静压导轨。数控机床常用贴塑导轨、液体静压导轨和滚动导轨。

贴塑导轨：数控机床常用的塑料导轨有聚四氟乙烯导轨软带和环氧型耐磨导轨涂层两类。

静压导轨：静压导轨是将具有一定压力的油或气体介质通入导轨的运动件与导向支承件之间，运动件浮在压力油或气体薄膜之上，与导向支承件脱离接触，致使摩擦阻力（力矩）大大降低。运动件受外载荷作用后，介质压力会反馈升高，以支承外载荷。静压导轨的基本形式有两类：开式静压导轨和闭式静压导轨。开式静压导轨原理如图 2-43 所示。

图 2 - 43   开式静压导轨原理简图

1—滤油器；2—泵；3—溢流阀；4—滤油器；5—节流器；6—运动导轨；7—床身导轨

滚动导轨：直线运动滚动支承就是滚动导轨，即在导轨工作面间放入滚珠、滚柱或滚针等滚体便是滚动导轨。直线滚动导轨副包括导轨条和滑块两部分。导轨条通常为两根，装在支承件上，如图 2 - 44 所示。

图 2 - 44   直线滚动导轨副的配置

导轨的类型较多，实际应用也较广泛，如图 2 - 45 所示球形直线导轨。如图 2 - 45 （a）所示，由 V 形槽和平面组成的一个简单的水平球型导轨适合用在无侧向力的往复运动中，它要求有一个重型的滑轨来保证球的连续接触。球保持架确保了球的运动空间，其接触表面经过硬化和研磨处理。

图 2 - 45 （b）导轨当滑块处于垂直位置或者受到横向载荷时，双 V 形槽是必要的。在

（a）   （b）

图 2 - 45   球形直线导轨

滑道中通过调整螺母或者弹簧力来防止松动。球和 V 形槽之间的金属与金属的接触确保了运动的精确性。

1. 针对常用的机械机构，试各举例说明其特点及应用。
2. 简要分析比较齿轮传动、带传动及链传动。
3. 齿轮传动有哪些结构形式？举例说明。
4. 机械产品常见的基础零部件及连接件有哪些？试举例说明各零件的配合及应用。

学习评价

课题学习评价表

序号	主要内容	考核要求	配分	得分
1	常用机构	1. 能说出平面连杆机构的组成、常见类型、特点及各自的应用； 2. 能说出凸轮机构的组成，了解其类型及应用； 3. 能简单描述其他常用机构的类型及其应用； 4. 能根据所学常用机构的知识基本解释门座起重机的工作原理； 5. 能简单描述分度定位的常见机构，并大致了解分度定位的原理	20	
2	传动机构	1. 能正确说出机械中典型的传动机构类型； 2. 能正确说出齿轮传动的类型，基本描述其特点及应用，了解其材料； 3. 能说出带传动的组成，简单描述其类型、特点及其应用，了解其材料； 4. 能简单描述链传动的组成、特点及应用； 5. 能根据所学传动机构的知识基本分析比较各传动的特点，并能根据机械作业要求简单选择各传动类型	30	

续表

序号	主要内容	考核要求	配分	得分
3	基础零件	1. 能正确说出机械中典型的基础零件类型； 2. 能说出轴的作用、类型，基本描述其应用，了解其选材； 3. 能说出轴承的作用及组成，基本熟悉其类型及应用； 4. 能简单描述联轴器及离合器的作用，并比较其各自的特点及应用； 5. 能说出常见的螺纹连接件，大致了解螺纹的作业原理及类型等内容； 6. 能大致了解弹簧的作用及应用； 7. 能说出导轨的作用，基本描述导轨的一般应用； 8. 能以一机械产品（如减速器）为例，认识其内部的基础零件，分析其各自的作用，简单描述产品的工作原理	50	
备注			自评得分	

课题三
学习传感与检测技术

知识目标

认识什么是传感与检测技术；掌握传感与检测技术的组成要素；了解传感与检测技术的分类，熟悉典型传感器的关键技术；了解传感与检测技术的发展动向。

能力目标

初步具备合理选择和使用传感器的能力；对传感器技术问题有简单的分析和处理能力。

案例导入

1. 汽车上的传感器

如图3-1所示丰田2JZ-GE型轿车发动机上传感器排布，可见汽车上应用各式各样的传感器。汽车传感器是汽车电子控制系统的关键部件，是汽车电子控制系统信息的主要来源。

图3-1　丰田2JZ-GE型轿车发动机上传感器分布情况

1—进气温度传感器；2—点火器；3—副节气门位置传感器；4—ISV（怠速控制阀）；5—节气门位置传感器；
6—O_2传感器；7—排气温度传感器；8—真空传感器；9—燃油泵；10—曲轴位置传感器；11—机油控制阀；
12—水温传感器；13，19—爆燃传感器；14—自我诊断插座；15—EFI主继电器；16—回路继电器；
17—EFI熔断器；18—可变进气控制用VSV（真空开关）；20—凸轮位置传感器；
21—燃油泵继电器；22—发动机控制用计算机；23—滤罐用VSV

汽车电子控制系统上应用了多种传感器，如空气流量计、压力传感器、位置传感器、速度传感器、气体浓度传感器等。其主要功能是利用安装在汽车各部位的信号转换装置，测量或检测汽车在各种运行状态下相关机件的工作参数以及驾驶操纵、车辆控制、运行环境、异常状态监测等所需信息。并将它们转换成计算机能接受的电信号后送给ECU，ECU根据这些信息进行运算处理，进而发出指令对执行元件进行适时传感器控制。

2. 起重机械上的传感检测

随着工业的发展，交通、建筑等行业也日新月异，各类机型的类型众多，各自发挥着重要作用。如图3-2所示汽车起重机（适用于流动性大的不固定场所作业）及图3-3所示履带起重机（常用于各种建筑工地），但起重机械工作时的起重重量控制以及工作中的安全因素，如起重量、起升高度及幅度等，必须通过传感器得到严密的实时监控。

汽车和起重机械为何能按照各自的设计要求正常安全地行驶及搬运呢？除了设计、制造、安装、调试及维护外，其各种工作和检测数据的获取，就是传感与检测技术技术应用的一个常见实例。

图 3-2 汽车起重机

图 3-3 履带起重机

3. 电子秤

日常生活中常见的各种电子秤及用于运输车辆测重的地秤（如图 3-4 所示）等称重设备应用广泛都离不开传感器技术。

图 3-4 各种电子秤

4. 安检门

电涡流式通道安全的出入口检测系统应用较广，可有效地探测出枪支、匕首等金属武器及其他大件金属物品。它广泛应用于机场、海关、钱币厂、监狱等重要场所。利用电涡流式传感器能够进行通道安全门的检查，防止危险物品的进入。如图3-5所示。

那么，什么是传感与检测技术呢？常见的传感器主要有哪些类型？这些传感器主要检测哪些参量？又常用于什么场合？希望通过下面的学习能得到解答。

图3-5　安全检查门

学习任务一　认识传感与检测技术

1. 什么是传感与检测技术

（1）什么是检测技术

检测是利用各种物理、化学效应，选择合适的方法与装置，将生产、科研生活等各方面的有关信息通过检查与测量的方法赋予定性或定量结果的过程。能够自动地完成整个检测处理过程的技术称为自动检测与转换技术。检测技术是自动化技术的支柱之一。

自动检测系统是帮助完成整个检测处理过程的系统。目前，非电量的检测常常采用电测法，即先将采集到的各种非电量转换为电量，然后再进行处理。最后显示或记录非电量值，系统的组成框图如图3-6所示。

图3-6　自动检测系统原理框图

（2）什么是传感器

如图3-7所示，人通过感官感觉外界对象的刺激，通过大脑对感受的信息进行判断、处理，肢体作出相应的反映。传感器相当于人的感官，称"电五官"，外界信息由它提取，并转换为系统易于处理的电信号，微机对电信号进行处理，发出控制信号给执行器，执行器对外界对象进行控制。如果没有各种精确可靠的传感器去检测原始数据并提供真实的信息，即使是性能非常优越的计算机，也无法发挥其应有的作用。传感器作为信息采集系统的前端单元，已成为自动化系统和机器人技术中的关键部件，作为系统中的一个结构组成，其重要性变得越来越明显。

图3-7　人与机器的机能对应关系图

从广义上讲，传感器就是能够感觉外界信息，并能按一定规律将这些信息转换成可用的输出信号的器件或装置。这一概念包含了下面三方面的含义。

①传感器是一种能够完成提取外界信息任务的装置。

②传感器的输入量通常指非电量，如物理量、化学量、生物量等；而输出量是便于传输、转换、处理、显示等的物理量，主要是电量信号。例如，电容传感器的输入量可以是力、压力、位移、速度等非电量信号，输出则是电压信号。

③传感器的输出量与输入量之间精确地保持一定规律。

 知识链接

传感器的名称

针对传感器，在不同的学科领域曾出现过多种名称，如变送器、发送器、发信器、探头等，这些提法，反映了在不同的技术领域中，根据期间的用途，使用不同术语而已，它们的内涵是相同或相近的。如在过程控制中称为变送器，即标准化的传感器，而在射线检测中称为发送器、接收器或探头等。

2. 传感器组成

传感器一般由敏感元件、传感元件和测量转换电路三部分组成，如图3-8所示，但并不是所有的传感器都有敏感元件和传感元件之分，有些传感器是将二者合二为一的。

图3-8　传感器组成框图

（1）敏感元件

敏感元件是传感器中能直接感受被测量的部分，即直接感受被测量，并输出与被测量成确定关系的某一物理量。例如，弹性敏感元件将压力转换为位移，且压力与位移之间保持一定的函数关系。

（2）传感元件

传感元件是传感器中将敏感元件输出量转换为适于传输和测量的电信号部分。例如，应变式压力传感器中的电阻应变片将应变转换成电阻的变化。

（3）测量转换电路

测量转换电路将电量参数转换成便于测量的电压、电流、频率等电量信号。例如：交、直流电桥，放大器，振荡器，电荷放大器等。

3. 传感器的分类

传感器种类繁多，分类方法也不尽相同，常用的分类方法有以下几种。

（1）按被测物理量分类

按被测物理量，可分为温度、压力、流量、物位、位移、加速度、磁场、光通量等传感器。这种分类方法明确表明了传感器的用途，便于使用者选用，如压力传感器用于测量压力信号。

（2）按传感器工作原理分类

按工作原理，可分为电阻传感器、热敏传感器、光敏传感器、电容传感器、自感传感器、磁电传感器等，这种方法表明了传感器的工作原理，有利于传感器的设计和应用。例如，电容传感器就是将被测量转换成电容值的变化。表3-1列出了这种分类方法中各类型传感器的名称及典型应用。

表3-1　传感器分类表

传感器分类		转换原理	传感器名称	典型应用
转换形式	中间参量			
电参数	电阻	移动电位器触点改变电阻	电位器式传感器	位移
		改变电阻丝或片的尺寸	电阻丝应变传感器、半导体应变传感器	微应变、力、负荷
		利用电阻的温度效应（电阻温度系数）	热丝传感器	气流速度、液体流量
			电阻温度传感器	温度、辐射热
			热敏电阻传感器	温度
		利用电阻的光敏效应	光敏电阻传感器	光强
		利用电阻的湿度效应	湿敏电阻	湿度
	电容	改变电容的几何尺寸	电容传感器	力、压力、负荷、位移
		改变电容的介电常数		液位、厚度、含水量
	电感	改变磁路的几何尺寸、导磁体位置	自感传感器	位移
		涡流去磁效应	涡流传感器	位移、厚度、硬度
		利用压磁效应	压磁传感器	力、压力

续表

传感器分类		转换原理	传感器名称	典型应用
转换形式	中间参量			
电参数	电感	改变互感	差动变压器	位移
			自整角机	位移
			旋转变压器	位移
	频率	改变谐振回路中的固有参数	振弦式传感器	压力、力
			振筒式传感器	气压
			石英谐振传感器	力、温度
	计数	利用莫尔条纹	光栅	大角位移、大直线位移
		改变互感	感应同步器	
		利用数字编码	角度编码器	
	数字	利用数字编码	角度编码器	大角位移
电量	电动势	温差电动势	热电偶	温度、热流
		霍尔效应	霍尔传感器	磁通、电流
		电磁感应	磁电传感器	速度、加速度
		光电效应	光电池	光强
	电荷	辐射电离	电离室	离子计数、放射性强度
		压电效应	压电传感器	动态力、加速度

（3）按传感器转换能量供给形式分类

按转换能量供给形式，分为能量变换型（发电型）和能量控制型（参量型）两种。能量变换型传感器在进行信号转换时不需另外提供能量，就可将输入信号能量变换为另一种形式能量输出，如热电偶传感器、压电式传感器等；能量控制型传感器工作时必须有外加电源，如电阻、电感、电容、霍尔式传感器等。

（4）按传感器工作机理分类

按工作机理，可分为结构型传感器和物性型传感器。结构型传感器是指被测量变化时引起了传感器结构发生改变，从而引起输出电量变化。例如，电容式压力传感器就属于这种传感器，外加压力变化时，电容极板发生位移，结构改变引起电容值变化，输出电压也发生变化。物性型传感器是利用物质的物理或化学特性随被测参数变化的原理构成，一般没有可动结构部分，易小型化，如各种半导体传感器。

习惯上常把工作原理和用途结合起来命名传感器，如电容式压力传感器、电感式位移传感器等。

学习任务二 学习常用传感器及其应用

正如前面介绍，传感器作用各异、种类繁多，现以电阻应变片式传感器、电涡流传感器及超声波传感器为例简单介绍各传感器工作、特点及应用等。

1. 电阻应变片式传感器

电阻传感器中的电阻应变式传感器应用十分广泛，主要应用可分两大类，其一是将应变片直接粘贴在被测试件上，测量应力或应变；其二是与弹性元件连用，测量力、压力、位移、速度、加速度等物理量。应用如案例中列举的电子秤和图3-9所示的冲床计数等。

（1）电阻应变式传感器概述

电阻应变式传感器是利用导体或半导体材料的应变效应制成的一种测量器件。用于测量微小的机械变化量，在结构强度实验

图3-9 冲床

中，它是测量应变的最主要手段，也是目前测量应力、应变、力矩、压力、加速度等物理量应用最广泛的传感器之一。

电阻应变式传感器主要由电阻应变片及测量转换电路等组成。用应变片测量应变时，将应变片粘贴在试件表面。当试件受力变形后，应变片上的电阻也随之变形，从而使应变片电阻值发生变化，通过测量转换电路最终转换成电压或电流的变化。

应变式传感器结构简单，尺寸小，重量轻，使用方便，性能稳定可靠，分辨率高，灵敏度高，价格又便宜，工艺较成熟。因此在航空航天、机械、化工、建筑、医学、汽车工业等领域有很广的应用。

（2）应变片

应变式传感器是利用电阻应变效应做成的传感器，是常用的传感器之一。应变式传感器的核心元件是电阻应变计（应变片）。

知识链接

应变效应

导体或半导体材料在外界作用下（如压力等），会产生机械变形，其电阻值也将随着发生变化，这种现象称为应变效应。

如图3-10所示，悬臂梁在力的作用下使应变片发生机械变形。电阻应变片工作原理是

基于金属导体的应变效应，即金属导体在外力作用下发生机械变形时，其电阻值随着所受机械变形（伸长或缩短）的变化而发生变化的现象。

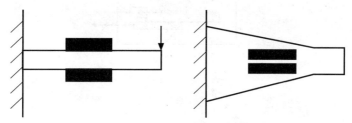

图 3 – 10　应变片的机械变形

如图 3 – 11 所示，金属丝电阻应变片由敏感栅、基底、覆盖层和引线组成。

图 3 – 11　金属丝电阻应变片的结构

敏感栅：感受应变，并将其转换为电阻的变化。

基底和覆盖层：固定和保护敏感栅，使敏感栅与试件绝缘，并传递试件变形给敏感栅。

引出线：将敏感栅的电阻变化引出到测量电路中。

常用的应变片有两大类：一类是金属电阻应变片，另一类是半导体应变片。

金属电阻应变片有丝式应变片和箔式应变片等。箔式应变片的优点是表面积和截面积之比大，散热条件好，故允许通过较大的电流，并可做成任意形状，便于大量生产。由于上述一系列优点，所以使用范围日益广泛，有逐渐取代丝式应变片的趋势。如图 3 – 12 所示。

图 3 – 12　各式箔式电阻应变片

半导体应变片的结构如图 3 – 13 所示。它的使用方法与电阻丝式相同，即粘贴在被测物上，随被测物的应变，其电阻发生相应变化。

图 3 – 13　半导体应变片

1—半导体敏感条；2—基底；3—引线；4—引线连接片；5—内引线

　　半导体应变片的工作原理是基于半导体材料的压阻效应。半导体应变片的主要优点是灵敏度高（灵敏度比金属丝式、箔式大几十倍），主要缺点是灵敏度的一致性差、温漂大，电阻与应变间非线性严重。在使用时，需采用温度补偿及非线性补偿措施。

　　应变片的粘贴是应变测量的关键之一，它涉及被测表面的变形能否正确地传递给应变片。粘贴所用的黏合剂必须与应变片材料和试件材料相适应，并要遵循正确的粘贴工艺。现将粘贴工艺简述如下：

　　①试件的表面处理。

　　②确定贴片位置。

　　③粘贴。

　　④固化。

　　⑤粘贴质量检查。

　　⑥引线的焊接与防护。

　　（3）测量转换电路

　　根据不同的要求，应变电桥有不同的工作方式，如图 3 – 14 所示。

(a)　　　　　　　　　(b)　　　　　　　　　(c)

图 3 – 14　直流电桥测量转换电路

(a) 单臂半桥；(b) 双臂半桥；(c) 全桥

　　①单臂半桥工作方式。

　　R_1 为应变片，其余各臂为固定电阻。

　　②双臂半桥工作方式。

　　R_1、R_2 为应变片，R_3、R_4 为固定电阻。应变片 R_1、R_2 感受到的应变 $\varepsilon_1 \sim \varepsilon_2$ 以及产生的电阻增量正负号相间，可以使输出电压 U_o 成倍地增大。

③全桥工作方式。

全桥的四个桥臂都为应变片，如果设法使试件受力后，应变片 $R_1 \sim R_4$ 产生的电阻增量（或感受到的应变 $\varepsilon_1 \sim \varepsilon_4$）正负号相间，就可以使输出电压 U_o 成倍地增大。

上述三种工作方式中，全桥四臂工作方式的灵敏度最高，单臂半桥工作方式的灵敏度最低。

在实际应用时，应尽量采用双臂半桥或全桥的工作方式，这不仅是因为这两种工作方式的灵敏度较高，还因为它们都具有实现温度自补偿的功能。当环境温度升高时，桥臂上的应变片温度同时升高，温度引起的电阻值漂移大小一致，从而减小因桥路的温漂而带来的测量误差。

（4）电阻应变式传感器的种类及应用

①测力传感器。

应变片式传感器的最大用武之地还是称重和测力领域，如图 3 – 15 所示。这种测力传感器的结构由应变计、弹性元件和一些附件所组成。视弹性元件结构型式（如柱形、筒形、环形、梁式、轮辐式等）和受载性质（如拉、压、弯曲和剪切等）的不同，它们有许多种类。

图 3 – 15　应变片传感器测力及称重简图

例如：电子秤，如图 3 – 16 所示，将物品重量通过悬臂梁转化结构变形再通过应变片转化为电量输出。

图 3 – 16　电子秤

②压力传感器压力传感器主要用来测量流体的压力。视其弹性体的结构形式有单一式和组合式之分。

单一式压力传感器是指应变计直接粘贴在受压弹性膜片或筒上。

组合式压力传感器则由受压弹性元件（膜片、膜盒或波纹管）和应变弹性元件（如各种梁）组合而成。前者承受压力，后者粘贴应变计。两者之间通过传力件传递压力作用。这种结构的优点是受压弹性元件能对流体高温、腐蚀等影响起到隔离作用，使应变计具有良好的工作环境。

③位移传感器。

应变式位移传感器是把被测位移量转变成弹性元件的变形和应变，然后通过应变计和应变电桥，输出正比于被测位移的电量。它可用来近测或远测静态与动态的位移量。因此，既要求弹性元件刚度小，对被测对象的影响反力小，又要求系统的固有频率高，动态频响特性好。如图3-17所示。

图3-17 位移传感器

④其他应变式传感器。

利用应变片除可构成上述主要应用传感器外，还可构成其他应变式传感器，如通过质量块与弹性元件的作用，可将被测加速度转换成弹性应变，从而构成应变式加速度传感器，如图3-18所示。如通过弹性元件和扭矩应变计，可构成应变式扭矩传感器等。应变式传感器结构与设计的关键是弹性体型式的选择与计算，应变片的合理布置与接桥。

图3-18 加速度传感器

2. 电涡流传感器

在电工学中，我们学过有关电涡流的知识。当导体处于交变的磁场中时，铁芯会因为电磁感应而在内部产生自行封闭的电涡流而发热。变压器和交流电动机的铁芯都是用硅钢片叠制而成，就是为了减小电涡流，避免发热。但人们也能利用电涡流做有用的工作，如电磁灶、中频炉、高频淬火等都是利用电涡流原理而工作的。

（1）电涡流传感器定义及分类

基于法拉第感应现象，金属导体在置于交变的磁场中时，导体表面会有感应电流的产生。电流的流线在金属体内自行闭合，这种由电磁感应原理产生的旋涡状感应电流称为电涡流，这种现象称为电涡流效应。因此，要形成涡流必须具备两个条件：存在交变磁场；导电体处于交变磁场中。

电涡流传感器的传感元件是一个线圈，俗称为电涡流探头。电涡流探头结构如图3－19所示，实物如图3－20所示。随着电子技术的发展，现在已能将测量转换电路安装到探头的外壳体中，它具有输出信号大，不受输出电缆分布电容影响等优点。

图3－19 电涡流探头结构

1—电涡流线圈；2—探头壳体；3—壳体上的位置调节螺纹；4—印制线路板；5—夹持螺母；
6—电源指示灯；7—阈值指示灯；8—输出屏蔽电缆线；9—电缆插头

图3－20 电涡流探头实物图

根据电涡流效应制成的传感器称为电涡流传感器。按照电涡流在导体内的贯穿情况，此传感器分为高频反射式与低频透射式两大类，但从基本工作原理上来说仍是相似的。电涡流式传感器最大的特点是能对位移、厚度、表面温度、速度、应力、材料损伤等进行非接触式连续测量，另外还具有体积小、灵敏度高、频率响应宽等特点，应用极其广泛。

 知识链接

如何正确使用电涡流传感器

电涡流传感器与被测金属体之间是磁性耦合的，并利用这种耦合程度的变化作为测试值，因此，电涡流传感器完整地看应是传感器的线圈加上被测金属导体。因而在电涡流传感器的使用中，必须考虑被测体的材料和几何形状、尺寸等对被测量的影响。

（1）被测材料对测量的影响

被测体的电导率越高，则灵敏度也越高，但被测体为磁性体时，磁导率效果与涡流损耗效果呈相反作用，因此与非磁性体相比，灵敏度底。所以被测体在加工过程中遗留下来的剩磁需要进行消磁处理。

（2）被测体几何形状和大小对测量的影响

为了充分有效地利用电涡流效应，被测体的半径应大于线圈半径，否则将致使灵敏度降低。一般涡流传感器，涡流影响范围约为传感器线圈直径的3倍。

被测体的厚度也不能太薄，一般情况下，只要有0.2 mm以上的厚度，则测量不受影响。

（2）电涡流传感器应用

电涡流传感器由于它具有结构简单、灵敏度高、线性范围大、频率响应范围宽、抗干扰能力强等优点，并能进行非接触测量，在科学领域和工业生产中得到广泛使用。在检测领域，电涡流的用途就更多了。可以用来探测金属（如图3-21、图3-22所示的安全检测、探雷等）、非接触地测量微小位移和振动以及测量工件尺寸、转速、表面温度等诸多与电涡流有关的参量，还可以作为接近开关和进行无损探伤。它的最大特点是非接触测量，它是检测技术中用途十分广泛的一种传感器。

图3-21 安全检测　　　　　　　　　　　　　　图3-22 探雷

下面介绍电涡流传感器的几种典型应用。位移测量、振动测量、转速测量、电涡流表面探伤。

①位移和振动测量。

在测量位移方面，除可直接测量金属零件的动态位移外，还可测量如金属材料的热膨胀系数、钢水液位、纱线张力、流体压力、加速度等可变换成位移量的参量。在测量振动方面，它是测量汽轮机、空气压缩机转轴的径向振动和汽轮机叶片振幅的理想器件。还可以用多个传感器并排安置在轴侧，并通过多通道指示仪表输出至记录仪，以测量轴的振动形状并绘出振型图。如图3-23~图3-26是各种测量应用。

图 3 – 23 轴向位移测量

图 3 – 24 振动测量

图 3 – 25 胀差测量

图 3 – 26 斜坡式胀差测量

②转速测量。

在测量转速方面，只要在旋转体上加工或加装一个有凹缺口的圆盘状或齿轮状的金属体，并配以电涡流传感器，就能准确地测出转速。如图 3 – 27 所示。

（a） （b） （c）

图 3 – 27 转速测量

（a）带有凹槽的转轴 ；（b）带有凸槽的转轴；（c）实物图

1—传感器；2—被测物

③电涡流表面探伤测量。

保持传感器与被测导体的距离不变，还可实现电涡流探伤。探测时如果遇到裂纹，导体电阻率和磁导率就发生变化，电涡流损耗，从而输出电压也相应改变。通过对这些信号的检验就可确定裂纹的存在和方位。如图 3 – 28 所示。

图 3 – 28　探伤测量

此外，利用导体的电阻率与温度的关系，保持线圈与被测导体之间的距离及其他参量不变，就可以测量金属材料的表面温度，还能通过接触气体或液体的金属导体来测量气体或液体的温度。电涡流测温是非接触式测量，适用于测低温到常温的范围，且有不受金属表面污物影响和测量快速等优点。

电涡流传感器还可用作接近传感器和厚度传感器以及用于金属零件计数、尺寸检验、粗糙度检测和制作非接触连续测量式厚度计，如图 3 – 29 所示。

图 3 – 29　厚度测量

3. 光纤传感器

（1）光纤传感器概述

光纤传感器一般是由光源、接口、光导纤维、光调制机构、光电探测器和信号处理系统等部分组成。来自光源的光线，通过接口进入光纤，然后将检测的参数调制成幅度、相位、色彩或偏振信息，最后利用微处理器进行信息处理。光纤传感器一般由三部分组成，除光纤之外，还必须有光源和光探测器两个重要部件，如图 3 – 30 所示。

图 3-30　光纤传感器结构简图

光纤传感器与传统的传感器相比，具有灵敏度高，抗电磁干扰、电绝缘、耐腐蚀、本质安全，测量速度快，信息容量大，适用于恶劣环境，质量轻、体积小、可绕曲、测量对象广泛、复用性好、成本低等特点。

光纤传感器一般分为两大类：一类是传光型，也称非功能型光纤传感器；另一类是传感型或称为功能型光纤传感器。前者多数使用多模光纤，以传输更多的光量；而传感型光纤传感器，是利用被测对象调制或改变光纤的特性，所以只能用单模光纤。

功能型传感器利用光纤本身具有的某种敏感功能。光纤一方面起传输光的作用，另一方面作为敏感元件，被测物理量的变化将影响光纤的传输特性，从而将被测物理量的变化转变为调制的光信号。也称传感型光纤传感器。

非功能型光纤传感器是利用其他敏感元件感受被测量的变化，光纤仅作为传输介质，传输来自远处或难以接近场所的光信号，所以也称为传光型传感器或混合型传感器。

漫反射型光电开关集光发射器和光接收器于一体。当被测物体经过该光电开关时，发射器发出的光线经被测物体表面反射由接收器接受，于是产生开关信号。

图 3-31 简单示意了光纤传感器的工作场景。

图 3-31　光纤传感器工作示意简图

（2）光纤传感器的应用

①光纤传感器在油气勘探中的应用。

光纤传感器由于其抗高温能力、多通络、分布式的感应能力，以及只需要较小的空间即可满足其使用条件的特点，使得在勘探钻井方面有其独特的优势。如井下分光计、分布式温度传感器及光纤压力传感器等。

流体分析仪如图 3-32 所示，可用于了解初期开发过程中的原油组成成分。它由两个传感器合成：一个是吸收光谱分光计，另一个是荧光和气体探测器。井下流体通过地层探针被引入出油管，光学传感器用于分析出油管内的流体。流体分析分光计则提供了原位井下流体分析，并对地层流体的评估加以改进。

图3-32 流体分析仪简图

②电路板标志检测。

如图3-33所示，当光纤发出的光穿过标志孔时，若无反射，说明电路板方向放置正确。

图3-33 光纤传感器检测电路板标志孔示意简图

③转速传感器。

如图3-34所示，齿盘每转过一个齿，光电断续器就输出一个脉冲。通过脉冲频率的测量或脉冲计数，即可获得齿盘转速和角位移。

4. 超声波传感器

（1）超声波传感器概述

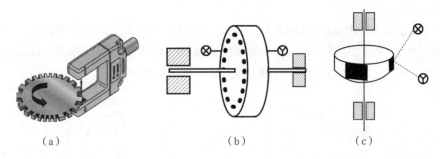

（a） （b） （c）

图 3 - 34 光纤传感器测转速示意简图

（a）实物图；（b）透光式；（c）反光式

 知识链接

声波类型

声波是一种机械波。

①可闻声波：振动频率在 20 Hz ~ 20 kHz 的范围内，可为人耳所感觉。

②次声波：振动频率在 20 Hz 以下人耳无法感知，但许多动物却能感受到。比如地震发生前的次声波就会引起许多动物的异常反应。

③超声波：振动频率高于 20 kHz 的机械振动波。

超声波的特点是指向性好，能量集中，穿透本领大，在遇到两种介质的分界面（例如钢板与空气的交界面）时，能产生明显的反射和折射现象，这一现象类似于光波。

超声波的传播波型主要可分为纵波、横波、表面波等几种。

超声波换能器的工作原理有压电式、磁致伸缩式、电磁式等数种，在检测技术中主要采用压电式。

（2）超声波传感器的应用

①如图 3 - 35 所示，空咖啡罐盒经漏斗灌装后，需达到规定的高度才可封装，其检测传感器多使用超声波传感器。

图 3 - 35 咖啡罐自动流水线示意图

②超声波液位计。

超声波测液位是利用回声原理进行工作的，如图3－36所示。当超声波探头向液面发射短促的超声脉冲，经过时间 t 后，探头接收到从液面反射回来的回波脉冲。因此，只要知道超声波的传播速度，通过精确测量时间 t 的方法，就可测量距离 L。

图3－36　超声波传感器测液位示意简图

超声波的速度在各种不同的液体中是不同的。即使在同一种液体中，由于温度、压力的不同，其值也是不同的。因为液体中其他成分的存在及温度的影响都会使超声波速度发生变化，引起测量的误差，故在精密测量时，要采取补偿措施。利用这种方法也可测量料位。

③超声波测距计。

如图3－37所示，汽车倒车探头装在后保险杠上，探头以45°角辐射，上下左右搜寻目标。倒车雷达显示器装在驾驶台上，它不停地提醒司机车距后面物体还有多少距离。到危险距离时，蜂鸣器就开始鸣叫，让司机停车。数字式显示器安装在驾驶台上，距离直接用数字表示。例如：1.5～0.8 m 为安全区，0.8～0.3 m 为适当区，0.3～0.1 m 为危险区。

图3－37　超声波传感器防碰撞示意简图

利用换能器的压电特性，以电压激发压电片，该压电片随即产生声波并发射出去。当发射出去的声波接触物体时，会反射微弱的能量给换能器，经信号放大处理后传送至微处理器判断与该物体的距离，并由微处理器决定是否驱动蜂鸣器发出警示音。距离大于 50 cm：不发出警示音；距离为 30～50 cm：发出第一种警示音；距离小于 30 cm：发出第二种警示音。

④超声波防盗报警器。

图3－38为超声报警电路。上图为发射部分，下图为接收部分的电原理框图。它们装在同一块线路板上。发射器发射出频率 $f=40$ kHz 左右的连续超声波。如果有人进入信号的有效区域，相对速度为 v，从人体反射回接收器的超声波将由于多普勒效应，而发生频率偏移 Δf。

图 3-38　超声防盗报警器电原理框图

多普勒效应

所谓多普勒效应是指当超声波源与传播介质之间存在相对运动时，接收器接收到的频率与超声波波源发射的频率将有所不同。产生的频偏 $\pm \Delta f$ 与相对速度的大小及方向有关。当高速行驶的火车向你逼近和掠过时，所产生的变调声就是多普勒效应引起的。接收器将收到两个不同频率所组成的差拍信号($40\ kHz$ 以及偏移的频率 $40\ kHz \pm \Delta f$)。这些信号由 $40\ kHz$ 选频放大器放大，并经检波器检波后，由低通滤波器滤去 $40\ kHz$ 信号，而留下 Δf 的多普勒信号。此信号经低频放大器放大后，由检波器转换为直流电压，去控制报警喇叭或指示器。

利用多普勒效应可以排除墙壁、家具的影响（它们不会产生 Δf），只对运动的物体起作用。由于振动和气流也会产生多普勒效应，故该防盗报警器多用于室内。根据本装置的原理，还能运用多普勒效应去测量运动物体的速度，液体、气体的流速，汽车防碰、防追尾等。

超声波技术作为近代的新技术正逐步应用到检测技术中，特别是在环境条件恶劣或要求无接触测量的许多场合，超声检测更显示它的优越性。

5. 传感器的应用及发展

综上所述，传感器作为整个检测系统的前哨，它提取信息的准确与否直接决定着整个检测系统的精度。传感器的应用领域涉及机械制造、工业过程控制、汽车电子产品、通信电子产品、消费电子产品和专用设备等各行各业。目前，正向着高精度、多功能、集成化、智能化发展。

（1）专用设备

专用设备主要包括医疗、环保、气象等领域应用的专业电子设备。目前医疗领域是传感器销售量巨大、利润可观的新兴市场，该领域要求传感器件向小型化、低成本和高可靠性方向发展。

（2）工业自动化

工业领域应用的传感器，如工艺控制、工业机械以及传统的；各种测量工艺变量（如温度、液位、压力、流量等）的；测量电子特性（电流、电压等）和物理量（运动、速度、负载以及强度）的，以及传统的接近/定位传感器发展迅速。

（3）通信电子产品

手机产量的大幅增长及手机新功能的不断增加给传感器市场带来机遇与挑战，彩屏手机和摄像手机市场份额不断上升增加了传感器在该领域的应用比例。此外，应用于集团电话和无绳电话的超声波传感器、用于磁存储介质的磁场传感器等都将出现强势增长。

（4）汽车工业

现代高级轿车的电子化控制系统水平的关键就在于采用压力传感器的数量和水平，目前一辆普通家用轿车上大约安装几十到近百只传感器，而豪华轿车上的传感器数量可多达二百余只，种类通常达三十余种，多则达百种。

 知识链接

国内外传感器的现状及发展趋势

一、传感器的现状及发展趋势

1. 传感器发展的三个阶段

传感技术的发展经历了三个阶段，即结构型传感器、物性型传感器和智能型传感器。

（1）结构型传感器

以其结构部分变化或结构部分变化后引起某种场的变化来反映被测量的大小及变化。经常使用的方法是以传感器机构的位移或力的作用使传感器产生电阻、电感或电容等值的变化来反映被测量的大小。

（2）物性型传感器

利用构成传感器的某些材料本身物理特性在被测量的作用下发生变化，从而将被测量转换为电信号或其他信号输出。例如，利用半导体材料在热辐射照射下会产生各种光效应的特性可制成光敏电阻、光敏三极管等光敏元件。利用二氧化锡材料在某些气体作用下，其阻值会发生变化的特性可以制成气敏元件。由于物性型传感器无可动部件，灵敏度高，因此，可减少对被测对象的影响，从而能解决结构型传感器不能解决的某些参数及非接触测量的问题，扩大了传感器应用领域。

（3）智能型传感器

把传感器与微处理器有机地结合成一个高度集成化的新型传感器。它与结构型、物性型传感器相比，能瞬时获取大量信息，对所获得的信息还具有信号处理的功能，使信息的质量大大提高，其功能也扩展了。以网络化智能传感器为例，它以嵌入式微处理器为核心，集成了传感单元、信号处理单元和网络接口单元，使传感器由单一功能、单一检测向多功能和多点检测发展；从被动检测向主动进行信息处理方向发展；从孤立元件向系统化、网络化发展；从就地测量向远距离实时在线测控发展，它已成为传感器技术发展的主要方向之一。

2. 我国当前传感器市场情况

（1）国内市场国产化需求迫切

传感器处于物联网产业链上游，在物联网发展之初受益较深。物联网应用已从政府政策扶持进入市场导入期，但传感器成为我国物联网发展的瓶颈。我国传感器行业发展落后，国内高端传感器需求依赖进口，目前传感器进口占比 80%，传感器芯片进口占比达 90%，国产化需求迫切。

（2）我国传感器产业有所进展

在数量方面，随着装备的改进，产能在近几年得到了飞速的发展。在品种方面，目前国内能生产多数品种的产品，并向集成化、智能化、网络化方向发展。在质量方面，国内厂商开发的多数产品性能能满足工程需要，产品质量开始接近国外产品。在新产品方面，由于创新能力小，技术水平低，我国企业自主研发的新产品少。

（3）我国传感器产业面临众多挑战

对于正处于发展中国家的我国来说，科学技术及资金实力比发达国家仍有较大差距。这使得我国传感器产业没有建成持续发展的体系。我国传感器技术核心缺乏，原创技术少，大大降低了我国传感器行业在世界舞台上的竞争力。越来越多的领域开始需要传感器技术，这要求新型传感器产业的领域迅速推广，但我国传感器持续发展的体系建立地还不够完全，使产业化速度慢，产品更新换代慢。网络及 IT 技术的飞速发展对传感器技术有了更高的要求。我国应加大在传感器方面的科技投入，增加核心技术，摆脱对国外科技的依赖，以面对这一挑战。我国传感器企业较之国外企业规模较小且缺少自主技术及自主品牌产品，更新慢、质量低，所以很难与国外大型公司竞争。

3. 传感器的发展方向与途径

（1）发展方向

①向高精度方向发展。随着自动化生产程度的不断提高，对传感器技术的要求也在不断提高，必须研制出具有灵敏度高、精确度高、响应速度快、互换性好的新型传感器以确保生产自动化的可靠性。

②向高可靠性、宽温范围发展。传感器的可靠性直接影响到电子设备的性能。研制高可靠性、宽温度范围的传感器将是永久性的方向。大部分传感器的工作范围都在 −20℃ ~ 70℃，在军用系统中要求工作温度在 −40℃ ~85℃，而汽车、锅炉等场合对传感器的温度要求更高，因此发展新兴材料（如陶瓷）的传感器将很有前途。

③向微型化发展。以往的传感器由于尺寸大，可以用经典物理知识很好地描述。微传感器敏感元件的尺寸一般为微米级，所以随着传感器的微小型化，量子效应将越来越起支配作用。在将来，把光波和电子波统一在一起的统一波将可以更好地揭示传感器的工作规律。

④向模糊识别方向发展。从传感的模式看，微观信息由人工智能完成，感觉信息由神经元完成，宏观信息由模糊识别完成。未来的传感器将突破零维、瞬间的单一量检测方式，在时间上实现广延，空间上实现扩张（三维），检测量实现多元，检测方式实现模糊识别。

（2）发展途径

传感器的核心部件是敏感元件，其作用是感受、检测未知量。开发新型传感器，其途径大致有以下几个方面：

①采用新材料。由于材料科学的进步，新功能材料的开发将导致新的传感器的出现。半导体材料研究的进展，促进了半导体传感器的迅速发展；光导纤维的问世，产生了各种光纤传感器。

②采用新的加工方法。随着生产工艺水平的不断提高，新的加工方法不但使传感器的性能指标得以提高，应用范围得以扩大，还可加工出原有工艺不能制造的新型传感器。采用集成工艺和激光电阻微调技术，可制成集成温度传感器等。

③采用新的原理。随着各相关学科的发展，人们对非电量转化为电学量的认识逐步加深，它们之间新的转换关系必将导致新型传感器的产生。

④采用新的构思。许多古老的原理或设计，在巧妙的构思下可以产生出新的传感器。对热敏感的热敏电阻可做成温度传感器。也可把酶固定在电阻表面，用来检测酶反应中产生的热量，根据酶反应的专一性，就可测定酶的底物含量，从而做成各种酶热敏电阻生物传感器。

4. 欧美传感器发展趋势

传感器技术是现代科技的前沿技术，许多国家已将传感器技术与通信技术和计算机技术列为同等重要的位置，称之为信息技术的三大支柱之一。传感器技术作为国内外公认的具有发展前途的高新技术，正得到空前迅速的发展，并且在相当多的领域被越来越广泛地利用。

目前，全世界约有40个国家从事传感器的研制、生产和应用开发，研发机构达6 000余家，其中以美、德、日、俄等国实力较强。"SENSOR + TEST"传感器展览会与"SENSORS EXPO"传感器展览交流会是欧洲和北美地区最大、最专业的传感器和传感器系统集成展会，汇集欧州与美国的绝大部分传感器与仪表制造厂商，其展出产品在很大程度上代表了当前全球范围内先进传感器的发展趋势。

2011年的"SENSOR + TEST"传感器展览会和2012年的"SENSORS EXPO"传感器展出的传感器种类主要有：MEMS传感器、光纤传感器、气体传感器和无线传感器等。从目前各类传感器的应用领域范围和市场销售增长情况可以预测出：在未来10年甚至更长的时间，MEMS传感技术、光纤传感技术、气体传感技术及无线传感技术仍将是传感器领域的发展重点，而且其应用将渗透各个领域。

（1）MEMS传感器

MEMS（Micro Electro Mechanical Systems）技术是采用微制造技术，在一个公共硅片基础上整合了传感器、机械元件、执行器（actuator）与电子元件。MEMS通常会被看作是一种系统单晶片（SoC），它让智能型产品得以开发，并得以进入很多的次级市场，为包括汽车、保健、手机、生物技术、消费性产品等各领域提供解决方案。MEMS技术已被认为是21世纪最有前途的技术之一。

相对于传统的传感器，MEMS技术传感器具有体积小、质量轻、成本低、功耗低、可靠性高、技术附加值高，适于批量化生产、易于集成和实现智能化等特点，这使得它们的应用数量和范围大大扩大，国内外MEMS厂商的数量在急剧增加，在航空航天、军事领域、汽车领域等都得到了广泛的应用。

目前市场上的MEMS传感器种类很多，包括惯性、压力、流量、温度传感器等，其主要应用领域包括军事、消费电子、汽车、航空、航天、医疗健康等。

美国飞思卡尔（Freescale）公司是用于汽车领域的MEMS传感器的主要供应商，生产的产品主要有：MEMS卫星压力传感器、MEMS卫星加速度传感器、MEMS惯性传感器和MEMS低传感器。

医疗健康领域的 MEMS 传感器主要包括：非接触式心电图测量传感器和惯性测量传感器。其中，研制非接触式心电图测量传感器的有英国普莱思（Plessey）公司，主要采用非接触的方式来测量人体心电图情况，例如，可以将该传感器安装在椅子上，通过与衣服的接触来测量人体心电图情况。研制惯性测量传感器的有美国 YEI 技术公司，主要用于监测引起关节损伤的撞击，具有高精确度、高可靠性和成本效益等优势。

用于航空航天领域的 MEMS 传感器主要包括：MEMS 温度传感器、MEMS 压力传感器、MEMS 油液传感器、MEMS 加速度传感器等。目前应用在航空航天的 MEMS 压力传感器大部分出自美国 Kulite 公司和 AST 公司，主要用于机械液压系统、发动机/推进器、润滑油系统、冷却系统等。Kulite 公司的压力传感器精度 <0.1% FS，可耐 500℃ ~ 600℃ 的高温。AST 公司生产的压力传感器其精度 < ±0.25% BFSL，稳定性小于 10.25% FS（典型值）。

MEMS 传感器在消费电子领域中主要应用于运动/坠落检测、导航数据补偿、游戏/人机界面、电源管理、GPS 增强/盲区消除、速度/距离计数等方面。这些 MEMS 传感器在很大程度上提高了用户体验，并带来了全新的电子消费产品。其中加速传感器是该市场中第一大应用产品。除此之外，陀螺仪也增长迅速，已经成为继加速度传感器后第二大应用产品。

MEMS 传感器还可以用于机器控制、测量仪器、仪表等领域，主要用来测量压力和加速度。其中应用在主动（制导）悬浮系统的压力传感器主要出自美国 SDM（Silicon Designs MEMS），该公司生产的 MEMS 加速度传感器，具有耐高温、高性能的优势，在高温环境下可连接 100 m 以上的线缆，大大增加了产品的灵活性。除此之外，该公司生产的 MEMS 加速度传感器，具有尺寸小、重量轻，可在 -55℃ ~ +125℃ 的环境下工作的优势。

根据电子产业市场研究与信息网络的资料，MEMS 传感器的平均年增长率高于 20%，并在 2015 年超过 150 亿美元。目前，国外 MEMS 传感器技术总体发展趋势是向提高精度、全数字化电路及高可靠性方向发展，其应用领域正在不断得以拓展，非常值得关注。

MEMS 传感器技术发展的主要方向有：多功能化、多传感器融合、开发新的架构、测试手段的标准化、封装形式不断发展。

（2）光纤传感器

伴随着光导纤维和光纤通信技术发展而出现的光纤传感器，其传感灵敏度要比传统传感器高许多倍，而且它可以在高电压、大噪声、高温、强腐蚀性等很多特殊环境下工作，还可以与光纤遥感、遥测技术配合，形成光纤遥感系统和光纤遥测系统。光纤传感技术是许多经济、军事强国争相研究的高新技术，它可广泛应用于国民经济的各个领域和国防军事领域。

光纤传感器在航空工业应用的主要优势包括：不受电磁/无线电频率干扰、抗腐蚀、体积小、耐高温、高精度、安全性高等。

光纤传感器的应用领域非常广泛，主要应用于结构健康监测、热炉监测、电力线路温度监测、风速监测、大型发电机状态监测、飞机应变、火灾预警等多个应用领域。由于光纤传感器在一些特殊领域具有不可替代性，必将成为未来发展的热点，世界上已有多家传感器制造商开始研发制造光纤传感器。

卢森堡 Fiber Sensing 公司的光纤传感器主要有光纤应变传感器、分布式光纤传感器、光纤振动监测传感器、温度监测传感器和光纤式应变传感器。该公司生产的光纤应变传感器可实现收敛性连续监测，并且无须在管道内安装电气设备，带有数据管理网络接口和多达 100

个监测点，非常适用于结构健康监测；分布式光纤传感器用于电力线路温度监测，可以优化电力分布网络，实现高压架空线的下垂控制以及长距离多点温度测量，无须现场维护，还可以用于热炉监测，可实现每只温度传感器同时进行3个测点的温度测量；光纤振动监测传感器利用光学引线和多路复用器，实现振动分析和报警；光纤温度传感器利用光学引线和分离器，实现热分析和报警；光纤应变传感器可以用于风速监测，该类传感器可以实现嵌入式和表面安装，静态和动态应变均能实现高精度测量。

美国 Luna 检测公司、Luna 能源公司和 Lockheed Martin 公司联合研制了一种光纤分布式应变传感系统。该传感系统利用光频率反射计解调已经在光纤中心刻录的多路光栅传感器的发射信号，进而实现飞机应变的实时在线监测。

加拿大 OZ 光学公司的布里渊分布式温度传感器（DTS）可用于火灾预警。该光纤温度传感器是基于受激布里渊散射的原理制成的，具有精密的光学传感系统。该光纤温度传感器具有成本低、实时在线测量、多通道检测、空间分辨率优良、精度高等优点，其监测范围高达 100 km。除此之外，分布式温度传感提供了测量整条光纤温度变化的直接方法。未来光纤传感器市场发展潜力巨大，其技术发展的主要方向有：全光纤微型化、多参数、实时化、阵列化、网络化、集成化、多功能化、高精度、实用化。

（3）无线传感器

无线传感器分为两种概念：无线传感模块和无线传感网络。

微机电系统和低功耗高集成数字设备的发展，使得低成本、低功耗、小体积的传感器节点得以实现。这样的节点配合各类型的传感器，可组成无线传感器网络（WSN）。无线传感网络是一种开创了新应用领域的新兴概念和技术，广泛应用于战场监视、大规模环境监测和大区域内的目标追踪等领域。

当前国内外出现了多种无线传感器网络节点的硬件平台。典型的节点包括 Mica 系列、Telos、IRIS 和 Imote2 等。各平台的主要区别是采用了不同的处理器和无线通信模块。在国外，IZ'P（美国再生能源办公室工业技术计划）在 2002 年发布的报告《21 世纪工业无线技术》中引用了总统科技顾问的断言：无线传感器可将能源利用率提高 10%，将能源损耗减少 25%。

无线传感器和无线传感器网络主要应用于航空航天、医疗健康、消费电子、汽车、工业领域等。

德国 DS（Dialog Semiconductor）公司 DECT ULE（超低功耗）标准的无线器件 Smart Pulse 套件已应用于消费电子。Smart Pulse 套件是一组满足 DECT ULE（超低功耗）标准的集成电路，其中包括 SC 14 WSMDATA 和 SCI4CVMDECT 两款无线数据传感器，这两种芯片都可以只用一节 3A 电池正常工作 10 年以上。另外，采用 DECT ULE 标准的无线网络简单易用、安装方便。其采用简单的星状结构，通过简单的网络即可实现全屋覆盖，可以自主配置，不需要消费者进行复杂的设置，无须网络规划，无干扰问题，广泛地应用于家庭自动化、健康护理、能源监控等消费性应用领域。

美国飞思卡尔（Freescale）公司研制的 ZigBee 无线传感器已应用于智能家居。该芯片是全球首个实现了集成标准 ARM 内核和强大的 32 位高速处理计算能力，内置 Flash、SRAM、ROM 及 AD/DA 转换等大量外围电路，并内含 IEEE802. 15. 4 - ZigBee2006 高频电路和支持最新 ZigBee 2007/PRO 协议栈。除此之外，该传感器功耗很低，使用普通 AA 碱性电池，可以实现无线传感器网络低功耗节点，工作 10 年无须更换电池。

无线传感器和无线传感器网络将成为未来新型十大技术之首，其应用和发展将引起一场划时代的军事技术革命和未来战争的变革。无线传感器市场增长强劲，2010 年为 5 亿 3 200 万美金，2011 年已达 7 亿 9 000 万美金的规模。此市场以复合年增长率（CAGR）43.1% 的速度在扩大，到 2016 年即达到 47 亿美金的规模。其中，所占市场份额最大的为工业领域，其次为汽车和能源管理。

未来无线传感器技术的研究方向主要有：传感网络的无线互联，低功耗，无线传感模块对信息的移动式采集，自供能源，寿命增加。

（4）气体传感器

气体传感器是以气敏器件为核心组成的、能把气体成分转换成电信号的装置。气体传感器的基本性能是能按要求检测出气体的成分、浓度等参数，不受其他气体或物质的干扰，可以重复多次使用，有较长的使用寿命和稳定性，动态特性好等。

气体种类繁多，性质各异，因此，气体传感器种类也很多，按检测原理可分为电化学法、电气法、光学法、化学法几类。

气体传感器主要用在煤矿、石油、化工等领域，对煤气、天然气、液化气等可燃性气体进行气体泄漏、浓度等实时在线监测，可早发现事故隐患，避免重大灾害的发生。日本费加罗公司生产的催化燃烧式化学传感器，用于可燃气场所的监控与报警。该催化燃烧式化学传感器可测量天然气、液化气、氢气、一氧化碳等气体的泄漏情况，进而实现这些气体的泄漏报警控制。该传感器属 N 型半导体类气体传感器，其主要成分是二氧化锡烧结体。当吸附还原性气体（例如液化气、天然气、氢气、一氧化碳、有机溶剂蒸汽等）时，电导率上升；当恢复到清洁空气时，电导率恢复。TGS 传感器就是根据这种电导率变化，以输出电压的方式显示出，从而检测出气体的浓度。

美国 EO（Eleetro - Optics）科技公司生产的气体传感器可用于空气质量监测。该传感器基于激光散射原理，可以无缝测量气溶胶粒子浓度和粒度分布，其测量对象为：直径 10 ~ 10 000 nm 的冷凝粒子。

荷兰爱万提斯（Avantes）公司研发的 AvaRaman 系列拉曼散射型气体传感器可用于环境监测。该系列传感器共有 4 种型号，分别为：AvaRaman - PRB，AvaRa - man - PRB - FP，AvaRaman - PRB - FIP，AvaRaman - PRB - FC。其 AvaRaman - PRB - FIP 传感器可承受 200℃ 的高温，AvaRaman - PRB - FC 传感器可承受 500℃ 的高温和 3 000 psi 气压，极大地拓宽了气体传感器的应用环境。

美国 Applied Sensor 公司研制的电化学式氢过程传感器已应用于航空航天领域，主要用于检测飞机引擎盖下发动机舱氢气泄漏以及氢燃料站氢气的泄漏等。该传感器具有高灵敏度、快速响应时间、低功耗、长期稳定性和可靠性、长寿命、低交叉灵敏度等优点。

气体传感器的研究涉及面广、难度大，属于多学科交叉的研究领域。未来，要切实提高气体传感器各方面的性能指标需要多学科、多领域研究者的协同合作。综合气体传感器研究现状和市场对气体传感器的需求情况，未来气体传感器技术发展的主要方向有：新气敏材料与制作工艺的研究开发，新型气体传感器的研制，智能化气体传感器的发展，向低功耗、多功能、集成化方向发展。

二、传感器的宏观技术特点分析

（1）传感器尺寸越来越小，功耗及成本进一步降低，各种控制仪器设备的功能越来越强，这就要求各个部件体积越小越好，因而传感器本身体积也是越小越好。从国外发展趋势看，采用新型封装结构及其技术，建立 MEMS 封装单元库，注重成本的新封装结构与 MEMS 研发之间的进一步整合，将成为另一个发展趋势。

（2）由器件级向系统级发展。展会展出的器件级产品较少，大部分都是系统级的，反映了主流的技术方向正在从单一器件走向系统融合。MEMS 本身具有系统化的概念，由于 MEMS 制备工艺与 CMOS 等工艺难以完全兼容，封装的过程往往需要将 MEMS 芯片与其他电路集成在一个封装体内，形成一定的功能，具有系统级封装的内涵。

（3）智能化和多传感器融合趋势进一步发展。智能化是传感器的主要发展趋势之一，仅有信息检测能力的传感器将越来越不能满足应用需求，其发展趋势是传感器技术与通信技术、计算机技术等进行智能的结合。智能化传感器是将一个或多个敏感元件、精密电路、微处理器、通信接口、智能软件等相结合，并封装在一个组件内，将具有信息采集、信息处理、数据存储、自诊断（自检各部分是否正常，及时发现故障部件并通知主系统）、自补偿（通过软件对传感器的非线性、温漂、时漂等进行自动补偿）、在线校准（操作者可灵活改变输入零值或标准量值，传感器可自动校准）、逻辑判断、双向通信、数字输出等功能，极大地提高传感器的准确度、稳定性和可靠性。

在航空领域，未来航空工业的发展将对测控传感器提出更多的需求，以 MEMS、无线传感、光纤传感和气体传感为基础的传感器技术是重要的发展方向，智能传感器、光电传感器以及传感器系统等与它都有着技术上密切的联系，它将带动与促进航空传感器技术的更新与发展。但是，采用新材料、新工艺、新技术对传统的传感器进行改进和发展，仍是航空测控传感器发展的重要方向。

三、传感器的精度问题

传感器是自动化控制中的重要部件之一，它的精度直接影响过程控制的精度。影响传感器精度的因素很多，其中最主要的是传感器的零点误差、零点漂移、非线性误差、温度漂移及供电直流稳压电源稳定度等因素。为提高传感器的精度，采用下列方法消除上述诸影响因素。

1. 消除传感器零点误差和零点漂移的方法

所谓零点误差就是当无任何物理量输入时，传感器的输出值并非等于零，这个值叫做零点误差。零点漂移主要是由于机械蠕变或载流子扩散不稳定现象所引起的零点时间漂移。用零点校正电路消除零点误差和零点漂移即用调零电桥抵消传感器的零点输出，它通常是由高稳定的电阻、多圈电位器及直流稳压电源组成，它们串接在传感器输出和测量系统之间。通过调节调零电桥的电位器，改变桥路不平衡输出电压，使之和传感器空载时输出电压大小相等、极性相反，从而使传感器在空载时输出电压为零，达到消除零点误差和零点漂移。

2. 提供直流供电电源的稳定性方法

传感器所需要的直流供电电源要求在一定范围内有平稳和均匀的输出，以保证传感器输出电压的精度要求，更重要的是要求直流供电电压的时漂和温漂很小，其稳定度一般要求高于传感器精度几倍，甚至一个数量级，否则由于供电直流电压不稳定而影响传感器的输出性能。

当供电电源距离与传感器的安装位置较远时，为了减少线路损耗，其连线一般采用铜线，但铜线的电阻温度系数较大，致使传感器输入端的电压将由铜线电阻随温度的变化而变化。这一点在环境温度变化较大地区尤为显著。解决的办法除了上述采用传感器恒流源供电外，目前更多的是采用六线制长线补偿法。

3. 统一和标准化保证传感器精度

基于传感器具有高度离散性、多样性的技术特点，更要强调把统一和标准化列为传感器精度技术的基础研究内容。

由于航天型号的被测参数数量大、变化范围宽，一项参数的检测可供选用的传感器方案有多种多样，为了使方案选择时达到总体优化，需要统一标准。

为了使系统内的传感器具有互换性和灵活性，为了方便传感器在制造与标定过程中的质量管理，需要有统一的约定文件；为了交换数据和处理数据，也为了提高经济效益，在制订标准时，要注意标准的科学性、配套性和领先性，努力提高标准质量，使标准更好地起指导作用。

从统一精度的标准化要求考虑，还应开展以下标准化研究：

（1）传感器综合精度标准化；

（2）传感器、变换器接口标准化；

（3）环境因素与传感器标校实验指南；

（4）综合环境实验规程。

4. 传感器的标校

传感器的工作特点决定了对其进行的试验要求十分严格，这些要求即考核传感器的结构和精度特性是否符合规定的技术要求。

通常把标校与环境试验分开进行。标校是在室内标准条件下进行的，由于室内标准条件与实际工作环境相差甚远，致使标校结果的使用价值受到种种限制。

标校传感器时要考虑环境因素的影响，标校时要加入环境因素，开展多因素实验研究，设法减少环境因素对传感器的影响，这是当前传感器精度技术研究的重要课题。

5. 敏感元件的质量控制

方案正确选定后，敏感元件的质量就是关键。从材料选择、物性效应应用到加工工艺方法和检测技术都要作通盘的设计和管理。我国航天系统各型号各种试验使用的大量传感器，现在还是金属敏感材料、机械加工方法占主导地位。从资料上看到，美国航天飞机上装备的传感器也是这种方案，这是由于技术成熟，能满足航天系统对传感器的各种要求。显然，这类传感器的敏感元件会继续发展并获得广泛的应用；同时由于新技术的迅速发展，许多新型敏感元件发展得更加迅速，并已在汽车、民用电器等方面得到广泛的应用，其中居于突出地位的是硅材料。美国 Nove、Kulite、Motorola 等公司年产硅压力传感器数百万只，供汽车工业配套。其次，石英、陶瓷、SOS、MOM 等薄膜敏感元件也发展迅速。这是因为：硅、石英和多种薄膜材料是一些机电性能优异的敏感元件材料，其生产工艺成熟，结构稳定；微电子工艺（如光刻、扩散、薄膜）易于移植来制造微型敏感元件；适于批量生产，成品率高，一致性好，成本低，易于实现传感器小型、轻量和集成化。

在国外，上述敏感元件已经做得很好，但就我国目前水平看，相当数量的敏感元件其稳定性和可靠性还不理想，性能有待改进，除原材料质量问题外，就传感器技术而言其原因可以归纳为二条：①工艺技术尚未臻完善，缺乏完善的质量控制手段；②设计上未采用现代设计技术和有效的补偿。因此新型敏感元件的质量控制技术是新型传感器精度与可靠性的关键。对此，还需要下大力气去解决。

6. 精度的结构防护技术

航天传感器工作在失重、真空、不稳定热作用以及振动、冲击、噪声、辐射、腐蚀等严酷苛刻的工作条件下，为了保证必要的使用精度，对上述影响因素通常采取的措施是减少传感器对影响因素的灵敏度，或者减少影响因素本身对传感器的影响强度（功率）。两者的区别点是：前者是在选择设计方案、选用敏感元件及其补偿方案时就要加以考虑；后者在确定设计方案之后，从结构设计上考虑如何对最强的影响因素进行抑制，通常称之为防护技术。

影响因素可以看作一种干扰能量，为了抑制它，必须获得能量。通常获得这种能量的方式有两种：

①不需要电源获得附加能量来抑制影响因素。此称为无源防护；

②需要由电源获得附加能量来抑制影响因素。此称为有源防护。

无源防护比较简单、可靠。比如用阻尼器以降低对振动传感器的影响度。但对于缓慢变化的影响因素，如温度波动，无源防护装置就无效了，此时必须用有源防护，比如可用微型恒温器来抵消温度波动影响。通常传感器的结构防护是采用二者综合办法。现以发动机燃烧室平均压力测量为例来说明传感器防护的应用（当然并非都要全部采用）。

为了防止燃气的热冲击，采用一细导管将测点压力引出，以达到传感器与燃气隔开的目的；为了防止压力过载冲击，传感器采用止动膜片或阻尼器；为了减少振动影响，采用减振器；为了减少电磁传导干扰，采用双绞线和防波套等。

采用以上防护措施，有可能增大传感器的质量、尺寸，甚至影响物理量的状态，但对被测参数（如平均压力）检测是有益的。最后还要强调影响传感器的各因素往往是相关的，在实际设计时，首先对最强的影响因素采取防护措施，而不是面面俱到。

7. 传感器补偿技术

与结构防护一样，传感器的补偿技术也可分为有源补偿和无源补偿两种，但与结构防护有不同之处。补偿是在电路上对电信号采取措施以减少传感器对影响因素的灵敏度，在微电子技术支持下，补偿得当对于提高传感器的精度是很有效的。

无源补偿通常是对电桥电路实施电桥零点补偿、灵敏度补偿和校准电阻接入，对电桥臂的电阻不对称和电阻温度系数引起的零点失调和漂移在一个较宽的温度范围起补偿作用，而灵敏度温度补偿只能在某一特定的温度下补偿到零。国内外对电阻型传感器已做了大量的工作，并有成熟的电路，但它适合于电阻变化具有对称性的敏感元件。对直接变换的传感器有源补偿有多种调节和补偿电路，信号放大和阻抗变换补偿电路，其作用为降低传感器对外部电源的要求，改善输出信号的稳定性；对信号放大器也有零点补偿和灵敏度补偿，阻抗变换能起到改善信噪比或减少外来干扰影响（如内装式压电传感器）的作用。以上方法在一定程度上都可以提高传感器的精度。

1. 什么是传感器及检测技术？包含哪些主要组成部分？
2. 简述传感器的常见类型，并举例说明。
3. 简述日常生活中或机电产品中还有哪些常用传感器及其应用，并举例加以简要分析说明其工作情况。
4. 简述传感器的应用前景。

学习评价

课题学习评价表

序号	主要内容	考核要求	配分	得分
1	传感与检测技术基础知识	1. 能简单描述传感与检测技术的作用； 2. 能说出传感器的组成及各组成部分的作用； 3. 能简单介绍传感器的类型	25	
2	常用传感器及其应用	1. 能正确说出常用传感器； 2. 能基本了解电阻应变式传感器的工作原理及其基本内容，如应变片及测量转换电路等； 3. 能说出电阻应变式传感器的常见应用，并能举例简单说明其工作情况； 4. 能大致了解电涡流传感器的工作及类型； 5. 能说出电涡流传感器的常见应用，并能举例简要说明其工作情况； 6. 能大致了解光纤与超声波传感器的工作原理、特点及应用等内容； 7. 能说出光纤与超声波传感器的常见应用，并能举例简要说明其工作情况； 8. 能以一产品为例，简单分析其传感器的应用，并大致介绍产品的工作过程； 9. 能大致了解传感器的应用情况，尤其是与所学专业的应用情况	75	
备注			自评得分	

课题四
学习伺服传动技术

知识目标

熟悉伺服电动机的主要特性；掌握伺服系统的结构和工作原理；熟悉伺服系统驱动器的作用和工作原理；了解伺服电动机常见问题及解决方法。

能力目标

提高对伺服系统及应用的认知能力；初步具备识别伺服系统类型及其工作过程的能力；能够根据所学知识分析伺服系统的工作原理。

案例导入

伺服注塑机及其伺服系统

如图 4-1 所示，注塑机是塑料加工业中使用量最为广泛的加工机械，约占整个塑机行业的 40%。不仅有大量的产品可用注塑机直接生产，而且它还是组成注拉吹工艺的关键设备。注塑机是借助于螺杆（或柱塞）推力，将已塑化好的熔融状态（即黏流态）料以高压快速方式，注射到闭合好的模腔内，经冷却固化定型后取得制品的设备。在这个过程中，有锁模、射胶、保压、储料、冷却、开模等工序。

图 4-1　卧式注塑机外形图

伺服注塑机是 2007 年左右推出的注塑机行业中的新概念，其最主要的原理是流量、压力均由速度予以控制，其主要控制元件如图 4-2 所示。目前注塑机电动机大多为永磁同步交流伺服电动机，系统采用压力、流量双闭环电脑控制齿轮泵，在锁模、保压、冷却阶段能按需输出流量和压力。流量控制原理为：当压力传感器检测到的压力小于压力设定值时，伺

图 4-2　注塑机主要控制元件

服驱动器控制伺服电动机的转速，使泵的输出流量保持在设定值。压力控制原理为：当压力传感器检测到的压力达到设定值时，伺服驱动器控制伺服电动机的转矩，使泵的输出压力保持在设定值，如图 4-3 所示。

图 4-3　注塑机伺服系统原理图

为了精确控制电动机，专门研发出"伺服"这样的一种系统。控制个电动机为什么要做这么复杂的系统呢？这不得不引入伺服电动机工作原理、伺服系统控制技术及发展的一些信息了。

学习任务一　认识伺服系统

"伺服"（Servo）一词源于希腊语"奴隶"的意思 。人们想把"伺服机构"当个得心应手的驯服工具，服从控制信号的要求而动作。在信号来到之前，转子静止不动；信号来到之后，转子立即转动；当信号消失，转子能即时自行停转。由于它的"伺服"性能，因此而得名。伺服的意思就是"伺候服侍"的意思，就是在控制指令的指挥下，控制驱动元件；使机械系统的运动部件按照指令要求进行运动。

伺服系统（Feed Servo System）是使物体的位置、方位、状态等输出被控量能够跟随输入目标（或给定值）的任意变化的自动控制系统。伺服的主要任务是按控制命令的要求、对功率进行放大、变换与调控等处理，使驱动装置输出的力矩、速度和位置控制的非常灵活方便。

下面介绍一下伺服系统的结构组成及其分类。

1. 伺服系统的结构组成及分类

机电一体化的伺服控制系统的结构、类型繁多，但从自动控制理论的角度来分析，伺服控制系统一般包括控制器、功率放大器、执行机构、检测装置 4 部分。图 4-4 给出了系统组成原理框图。

图 4 - 4　伺服系统的组成

下面对图中各个部分作一个简单介绍。

①控制器：主要任务是根据输入信号和反馈信号决定控制策略。

②功率放大器：作用是将信号进行放大，并用来驱动执行机构完成某种操作。

③执行机构：作用是根据控制信息和指令完成所要求的动作。主要有电磁式（交直流伺服电动机；步进电动机等）、气动式和液压式。

④检测装置：任务是测量被控制量（即输出量），实现反馈控制。

伺服系统的基本工作原理如下：

位置检测装置将检测到的移动部件的实际位移量进行位置反馈，和位置指令信号进行比较，将两者的差值进行位置调节，变换成速度控制信号，控制驱动装置驱动伺服电动机运动，朝着消除偏差的方向，直到到达指定的目标位置。

下面介绍伺服系统的技术要求。

（1）系统精度

伺服系统精度指的是输出量复现输入信号要求的精确程度，以误差的形式表现，可概括为动态误差、稳态误差和静态误差 3 个方面。

（2）稳定性

伺服系统的稳定性是指当作用在系统上的干扰消失以后，系统能够恢复到原来稳定状态的能力；或者当给系统一个新的输入指令后，系统达到新的稳定运行状态的能力。

（3）响应特性

响应特性指的是输出量跟随输入指令变化的反应速度，决定了系统的工作效率。响应速度与许多因素有关，如计算机的运行速度、运动系统的阻尼和质量等。

（4）工作频率

工作频率通常是指系统允许输入信号的频率范围。当工作频率信号输入时，系统能够按技术要求正常工作；而其他频率信号输入时，系统不能正常工作。

2. 伺服系统的发展过程

伺服系统的发展紧密地与伺服电动机（Servo Motor）的不同发展阶段相联系，伺服电动机至今已有 50 多年的发展历史，经历了 3 个主要发展阶段。

第一个发展阶段（20 世纪 60 年代以前），此阶段是以步进电动机驱动的液压伺服马达或以功率步进电动机直接驱动为中心的时代，伺服系统的位置控制为开环系统。

第二个发展阶段（20 世纪 60 ~ 70 年代），这一阶段是直流伺服电动机的诞生和全盛发展的时代，由于直流电动机具有优良的调速性能，很多高性能驱动装置采用了直流电动机，伺服系统的位置控制也由开环系统发展成为闭环系统。在数控机床的应用领域，永磁式直流电动机占统治地位，其控制电路简单，无励磁损耗，低速性能好。

第三个发展阶段（20 世纪 80 年代至今），这一阶段是以机电一体化时代作为背景的，由于伺服电动机结构及其永磁材料、控制技术的突破性进展，出现了无刷直流伺服电动机（方波驱动），交流伺服电动机（正弦波驱动）等新型电动机。

伺服电动机又称为执行电动机，在自动控制系统中，用作执行元件，把所收到的电信号转换成机械运动（电动机轴上的角位移或角速度输出），分为直流和交流伺服电动机两大类。交流伺服要好一些，因为是正弦波控制，转矩脉动小，但直流伺服比较简单和便宜。

通常伺服电动机应符合如下基本要求：具有宽广而平滑的调速范围；具有较硬的机械特性和良好的调节特性；具有快速响应特性；空载始动电压小。

下面对常用伺服电动机作一个简单介绍。

（1）直流伺服电动机

直流伺服电动机主要种类如下，结构如图 4 - 5 所示。

图 4 - 5　直流伺服电动机实物结构示意图

①永磁直流伺服电动机。

②无槽电枢直流伺服电动机。

③空心杯电枢直流伺服电动机。

④印刷绕组直流伺服电动机。

直流伺服电动机主要由磁极、电枢、电刷及换向片组成，如图 4 - 6 所示。

直流伺服电动机具有良好的调速特性，较大的启动转矩和相对功率，易于控制及响应快等优点。尽管其结构复杂，成本较高，在机电一体化控制系统中具有较广泛的应用。

图4-6 直流伺服电动机基本结构

（2）交流伺服电动机

交流伺服电动机主要有如下两种，如图4-7所示。

①永磁同步伺服电动机。

②两相异步交流伺服电动机。

图4-7 交流伺服电动机实物结构示意图

与直流伺服电动机比较，交流伺服电动机不需要电刷和换向器，因而维护方便且对环境无要求；此外，交流电动机还具有转动惯量、体积和重量较小，结构简单，价格便宜等优点；尤其是交流电动机调速技术的快速发展，使它得到了更广泛的应用。因此，在伺服系统设计时，除某些操作特别频繁或交流伺服电动机在发热和启动、制动特性不能满足要求时，必须选择直流伺服电动机外，一般尽量考虑选择交流伺服电动机。交流电动机的缺点是转矩特性和调节特性的线性度不及直流伺服电动机好；其效率也比直流伺服电动机低。

（3）步进电动机

步进电动机顾名思义就是一步一步走的电动机。所谓"走"，就是一个脉冲信号控制下转动的角度。一般每步为1.8°，若转一圈360°，需要200步才能完成。如图4-8所示。

步进电动机主要有如下3类。

①反应式步进电动机。

②永磁式步进电动机。

③永磁感应式步进电动机。

图 4 – 8 步进电动机实物图

步进电动机又称电脉冲马达，是通过脉冲数量决定转角位移的一种伺服电动机。由于步进电动机成本较低，易于采用计算机控制，因而被广泛应用于开环控制的伺服系统中。步进电动机比直流电动机或交流电动机组成的开环控制系统精度高，适用于精度要求不太高的机电一体化伺服传动系统。目前，一般数控机械和普通机床的微机改造中大多数均采用开环步进电动机控制系统。

3. 伺服电动机控制技术

伺服电动机的驱动电路实际上就是将控制信号转换为功率信号，为电动机提供电能的控制装置，也称其为变流器，它包括电压、电流、频率、波形和相数的变换。变流器主要是由功率开关器件、电感、电容和保护电路组成。开关器件的特性决定了电路的功率、响应速度、频带宽度、可靠性和功率损耗等指标。

近年来，伺服电动机控制技术正朝着交流化、数字化、智能化三个方向发展。作为数控机床的执行机构，伺服系统将电力电子器件、控制、驱动及保护等集为一体，并随着数字脉宽调制技术、特种电动机材料技术、微电子技术及现代控制技术的进步，经历了从步进到直流，进而到交流的发展历程。

学习任务二 认识伺服控制系统

1. 直流伺服控制系统

采用直流伺服电动机作为执行元件的伺服控制系统，称为直流伺服系统。

直流伺服电动机具有良好的调速特性，较大的启动转矩和相对功率，易于控制及响应快等优点。尽管其结构复杂，成本较高，在机电一体化控制系统中仍具有较广泛的应用。

（1）直流伺服电动机驱动控制方式

直流伺服电动机为直流供电，为调节电动机转速和方向，需要对其直流电压的大小和方向进行驱动控制。目前常用可控硅变流技术直流调速驱动和晶体管脉宽调速驱动两种方式。

近年来，随着半导体制造技术和变流技术的发展，相继出现了绝缘栅极双极型晶体管

（IGBT）、场控晶闸管（MCT）等新型电力电子器件。传统的开关器件包括晶闸管（SCR）、电力晶体管（GTR）、可关断晶闸管（GTO）、电力场效应晶体管（MOSFET）等。包括可控硅（晶闸管）在内的电力电子器件是变流技术的核心。随着电力电子器件的发展，变流技术得到了突飞猛进的发展，特别是在交流调速应用方面获得了极大的成就。

变流技术按其功能应用可分成下列几种变流器类型：

整流器——把交流电变为固定的（或可调的）直流电。

逆变器——把固定直流电变成固定的（或可调的）交流电。

斩波器——把固定的直流电压变成可调的直流电压。

交流调压器——把固定的交流电压变成可调的交流电压。

周波变流器——把固定的交流电压和频率变成可调的交流电压和频率。

（2）常用直流伺服电动机驱动

直流伺服电动机的驱动控制一般采用脉冲调制法（PWM）。PWM的全称是 Pulse Width Modulation（脉冲宽度调制），它是通过改变输出方波的占空比来改变等效的输出电压。广泛地用于电动机调速和阀门控制，比如现在的电动车电动机调速就是使用这种方式。

采用脉宽调速驱动系统，其开关频率高（通常达2 000～3 000 Hz），伺服机构能够响应的频带范围也较宽，与可控硅相比其输出电流脉动非常小，接近于纯直流。

脉冲宽度调制（PWM）直流调速驱动系统原理如式（4-1）所示，其中 μ 为导通率，又称占空比或占空系数。

$$U_{\mathrm{a}} = \frac{1}{T}\int_0^\tau U \mathrm{d}t = \frac{\tau}{T}U = \mu U \qquad (4-1)$$

①PWM变换器基本原理。

脉宽调制型（PWM）功率放大电路的基本原理是：利用大功率电器的开关作用，将直流电压转换成一定频率的方波电压，通过对方波脉冲宽度的控制，改变输出电压的平均值，如图4-9所示。

图4-9 脉宽调速示意图

②双极式 PWM 变换器。

双极式 PWM 变换器的电路和电压、电流波形如图 4 – 10 和图 4 – 11 所示。

图 4 – 10 双极式 H 形可逆 PWM 变换器电路

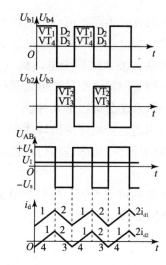

图 4 – 11 双极式 PWM 变换器电压和电流波形

根据图 4 – 10 很容易导出双极式可逆 PWM 变换器电枢两端平均电压的表达式，见式（4 – 2）。

$$U_{\mathrm{d}} = \frac{t_{\mathrm{an}}}{T}U_{\mathrm{s}} - \frac{T - t_{\mathrm{an}}}{T}U_{\mathrm{s}} = \left(\frac{2t_{\mathrm{an}}}{T} - 1\right)U_{\mathrm{s}} \qquad (4 - 2)$$

双极式 PWM 变换器特点如下：

优点：

a. 电流连续；

b. 可使电动机在四个象限中运行；

c. 电动机停止时，有微振电流，能消除摩擦死区；

d. 低速时，每个晶体管的驱动脉冲仍较宽，有利于晶体管能可靠导通；

e. 低速时平稳性好，调速范围宽。

缺点：

在工作过程中，4 个功率晶体管都处于开关状态，开关损耗大，且容易发生上、下两管直通的事故。为了防止上、下两管同时导通，在一管关断和另一管导通的驱动脉冲之间，应设置逻辑延时。

综上所述，可以看出直流伺服系统的优缺点如下。

优点是精确的速度控制；转矩速度特性很硬；原理简单、使用方便；价格优势明显。

缺点是电刷换向；速度受限制；附加了阻力；会产生磨损微粒（对于无尘室）。

2. 交流伺服系统

采用交流伺服电动机作为执行元件的伺服系统，称为交流伺服系统。

到 20 世纪 80 年代中后期，整个伺服装置市场都转向了交流系统。早期的模拟系统在诸如零漂、抗干扰、可靠性、精度和柔性等方面存在不足，尚不能完全满足运动控制的要求，近年来随着微处理器、新型数字信号处理器（DSP）的应用，出现了数字控制系统，控制部分可完全由软件进行。

交流伺服系统根据其处理信号的方式不同，可以分为模拟式伺服、数字模拟混合式伺服和全数字式伺服；如果按照使用的伺服电动机的种类不同，又可分为两种：一种是用永磁同步伺服电动机构成的伺服系统，包括方波永磁同步电动机（无刷直流机）伺服系统和正弦波永磁同步电动机伺服系统；另一种是用鼠笼型异步电动机构成的伺服系统。

按选用的电动机不同将交流伺服系统分为以下几种：

异步型交流伺服电动机——应用场合：机床主轴转速和其他调速系统；

同步型交流伺服电动机——应用场合：机床进给传动控制、工业机器人关节传动和其他需要位置和运动控制的场合。

下面，以异步交流伺服电动机变频控制为例，简要介绍交流伺服控制系统。

（1）异步交流电动机的变频调速的基本原理

异步电动机的转速方程见式（4-3）。

$$n = \frac{60f_1}{p}(1-s) = n_1(1-s) \qquad (4-3)$$

由式（4-3）可以看出：改变异步电动机的供电频率 f_1，可以改变其同步转速 n_1，实现调速运行，也称为变频调速。

（2）异步电动机变频调速系统

在异步电动机调速系统中，调速性能最好、应用最广的系统是变压变频调速系统。在这种系统中，要调节电动机的转速，须同时调节定子供电电源的电压和频率，可以使机械特性平滑地上下移动，并获得很高的运行效率。但是，这种系统需要一台专用的变压变频电源，增加了系统的成本。近来，由于交流调速日益普及，对变压变频器的需求量不断增长，加上市场竞争的因素，其售价逐渐走低，使得变压变频调速系统的应用与日俱增。这里主要介绍正弦脉宽调制 SPWM（Sinusoidal PWM）变频器。

所谓 SPWM，就是在 PWM 的基础上改变了调制脉冲方式，脉冲宽度时间占空比按正弦规律排列，这样输出波形经过适当的滤波可以做到正弦波输出。它广泛地用于直流交流逆变器等，比如高级一些的 UPS 就是一个例子。三相 SPWM 是使用 SPWM 模拟市电的三相输出，在变频器领域被广泛地采用。

图 4-12 是 SPWM 变压变频器的模拟控制电路框图。三相对称的参考正弦电压调制信号 u_{ra}、u_{rb}、u_{rc} 由参考信号发生器提供，其频率和幅值都可调。三角载波信号 u_t 由三角波发生器提供，各相共用。它分别与每相调制信号进行比较，给出"正"的饱和输出或"零"输出，产生 SPWM 脉冲波序列 u_{da}、u_{db}、u_{dc}，作为变压变频器功率开关器件的驱动信号。SPWM 的模拟控制现在已很少应用，但它的原理仍是其他控制方法的基础。目前常用的 SPWM 控制方法是数字控制。可以采用微机存储预先计算好的 SPWM 波形数据表格，控制时根据指令调出；或者通过软件实时生成 SPWM 波形；也可以采用大规模集成电路专用芯片中产生的 SPWM 信号。

图 4-12　SPWM 变压变频器的模拟控制电路框图

SPWM 逆变器的性能与载频比 N 有密切关系，载频比 N 定义为

$$N = \frac{f_c}{f} \tag{4-4}$$

完整的恒压频比控制 SPWM 变频调速系统，其基本构成如图 4-13 所示。

图 4-13　恒压频比控制 SPWM 变频调速系统的原理框图

（3）特点

优点：调速范围大；转速稳定性好；频率可以连续调节，为无级调速，平滑性好，变频

时电压按不同规律变化可实现恒转矩调速或恒功率调速，以适应不同负载的要求。这是异步电动机调速发展的方向。

缺点：控制装置价格较贵。

 知识链接

交流伺服系统必将取代直流伺服系统

交流伺服系统取代直流伺服系统已经是必然趋势，直流伺服电动机的机械换向器和电刷给应用带来一系列问题。比如，结构和制造工艺复杂，电刷和换向器容易发生故障。电刷和换向器之间滑动接触的电阻不稳定，使电动机运行不稳定；换向器上产生火花，引起无线电干扰，影响放大器和计算机正常工作，且使电动机无法直接应用于易燃、易爆的工作环境中；电刷和换向器之间的摩擦增加了电动机的阻力矩，使电动机工作不稳定；换向器的表面线速度换向电流、电压有一极限容许值，约束了电动机的最大转速和功率；为使换向器可靠工作，电枢和换向器直径一般较大，使得电动机转动惯量增大，在快速响应要求较高、安装空间较小的应用场合受到限制。

因此，人们一直在寻求能克服上述缺点的交流伺服电动机，以满足各种应用领域的需要。交流伺服电动机结构简单、坚固耐用，便于维修，价格合理，克服了直流伺服电动机存在的缺点。特别是新型永磁交流伺服电动机的优点更加明显：永磁同步电动机调速性能优越，克服了直流伺服电动机机械式换向器和电刷带来的系列限制，且体积小、重量轻、效率高、转动惯量小、不存在励磁损耗问题。

现代电力电子学的大发展为交流伺服系统取代传统的直流伺服系统奠定了基础。向高频化、大容量、智能化方向发展的性能优越的全控型大功率电子器件，及集成半导体开关、信号处理、自我保护功能于一体的智能功率模块（IPM）和大功率集成电路，使交流伺服系统的关键部件之一———交流伺服驱动器成本降低。

现代控制理论的应用，促进了许多新型交流伺服电动机控制方式的诞生，为交流伺服系统取代直流伺服系统提供了进一步的依据。1971年，F. Blaschke提出的矢量控制原理开创了交流伺服传动的新纪元。此后出现的直接转矩控制、磁场加速控制、参数自适应控制、滑模变结构控制以及建立在微分几何基础上的非线性解耦控制等方法，使交流伺服系统的性能达到一个较高的水平，可以和直流伺服系统的性能相媲美，甚至优于直流伺服系统的性能。

微电子技术的迅速发展，使得各种性能的微处理器不断推出，特别是适用于工业领域实时控制的单片机和高速数字信号处理器（DSP）在伺服系统中的应用，大大加快了交流伺服系统取代直流伺服系统的进程。

综合交流伺服系统发展过程和现状，其发展趋势如下：

①伺服技术继续迅速地由直流伺服系统转向交流化。

②交流伺服系统向两大方向发展：一是简易、低成本交流伺服系统将迅速发展，应用领域进一步扩大；二是向更高性能的全数字化、智能化软件伺服的方向发展。

③在硬件结构上，由模拟电子器件转向数字电子器件、微处理器、数字信号处理器，实

现半数字化、全数字化，进而由硬件伺服技术转向软件伺服技术发展，极大地增强了交流伺服系统设计与使用的柔性。

④由于微机控制用于伺服系统，模糊控制、人工智能、神经元网络等新成果将应用于高性能交流伺服系统的研究工作。

⑤交流伺服系统所采用的逆变器将逐渐转向高频化、小型化、无噪声的逆变器。

⑥永磁伺服电动机转子磁钢由采用铁氧体、稀土钴转向钕铁硼发展，使电动机具有更好的性能价格比。

直流伺服电动机在数控进给伺服系统中曾得到广泛的应用，它具有良好的调速和转矩特性，但是它的结构复杂、制造成本高、体积大，而且电动机的电刷容易磨损，换向器会产生火花，使直流伺服电动机的容量和使用场合受到限制。交流伺服电动机没有电刷和换向器等结构上的缺点；并且随着新型功率开关器件、专用集成电路、计算机技术和控制算法等的发展，促进了交流驱动电路的发展，使得交流伺服驱动的调速特性更能适应数控机床进给伺服系统的要求。现代数控机床都倾向采用交流伺服驱动，交流伺服驱动大有取代直流伺服驱动之势。交流伺服系统在许多性能方面都优于步进电动机。

交流伺服系统的发展与数字化控制的优点：

进入 20 世纪 80 年代后，因为微电子技术的快速发展，电路的集成度越来越高，对伺服系统产生了很重要的影响，交流伺服系统的控制方式迅速向微机控制方向发展，并由硬件伺服转向软件伺服，智能化的软件伺服将成为伺服控制的一个发展趋势。

伺服系统控制器的实现方式在数字控制中也在由硬件方式向着软件方式发展；在软件方式中也是从伺服系统的外环向内环、进而向接近电动机环路的更深层发展。

目前，伺服系统的数字控制大都是采用硬件与软件相结合的控制方式，其中软件控制方式一般是利用微机实现的。这是因为基于微机实现的数字伺服控制器与模拟伺服控制器相比，具有下列优点：

①能明显地降低控制器硬件成本。速度更快、功能更新的新一代微处理机不断涌现，硬件费用会变得很便宜。体积小、重量轻、耗能少是它们的共同优点。

②可显著改善控制的可靠性。集成电路和大规模集成电路的平均无故障时（MTBF）大大长于分立元件电子电路。

③数字电路温度漂移小，也不存在参数的影响，稳定性好。

④硬件电路易标准化。在电路集成过程中采用了一些屏蔽措施，可以避免电力电子电路中过大的瞬态电流、电压引起的电磁干扰问题，因此可靠性比较高。

⑤采用微处理机的数字控制，使信息的双向传递能力大大增强，容易和上位系统机联系，可随时改变控制参数。

⑥可以设计适合于众多电力电子系统的统一硬件电路，其中软件可以模块化设计，拼装构成适用于各种应用对象的控制算法，以满足不同的用途。软件模块可以方便地增加、更改、删减，或者当实际系统变化时彻底更新。

⑦提高了信息存贮、监控、诊断以及分级控制的能力，使伺服系统更趋于智能化。

⑧随着微机芯片运算速度和存储器容量的不断提高，性能优异但算法复杂的控制策略有了实现的基础。

3. 步进电动机控制系统

（1）步进电动机的结构与工作原理

步进电动机是一种将电脉冲转化为角位移的执行机构。当步进驱动器接收到一个脉冲信号，它就驱动步进电动机按设定的方向转动一个固定的角度（即步进角）。可以通过控制脉冲个数来控制角位移量，从而达到准确定位的目的；同时可以通过控制脉冲频率来控制电动机转动的速度和加速度，从而达到调速的目的。

步进电动机按其工作原理主要可分为磁电式和反应式两大类，下面就以常用的反应式步进电动机为例做个简单介绍。

三相反应式步进电动机的工作原理如图 4-14 所示，其中步进电动机的定子上有 6 个齿，其上分别缠有 U、V、W 三相绕组，构成三对磁极；转子上则均匀分布着 4 个齿。步进

图 4-14　步进电动机运动原理图

电动机采用直流电源供电。当 U、V、W 三相绕组轮流通电时，通过电磁力的吸引，步进电动机转子一步一步地旋转。

假设 U 相绕组首先通电，则转子上、下两齿被磁场吸住，转子就停留在 U 相通电的位置上。然后 U 相断电，V 相通电，则磁极 U 的磁场消失，磁极 V 产生了磁场，磁极 V 的磁场把离它最近的另外两齿吸引过去，停止在 V 相通电的位置上，这时转子逆时针转了 30°。随后 V 相断电，W 相通电，根据同样的道理，转子又逆时针转了 30°，停止在 W 相通电的位置上。若再 U 相通电，W 相断电，那么转子再逆转 30°。定子各相轮流通电一次，转子转一个齿。

步进电动机绕组按 U→V→W→U→V→W→U⋯依次轮流通电，步进电动机转子就一步步地按逆时针方向旋转。反之，如果步进电动机按倒序依次使绕组通电，即 U→W→V→U→W→V→U⋯则步进电动机将按顺时针方向旋转。

步进电动机绕组每次通断电使转子转过的角度称之为步距角。上述分析中的步进电动机步距角为 30°。对于一个真实的步进电动机，为了减少每通电一次的转角，在转子和定子上开有很多定分的小齿。其中定子的三相绕组铁芯间有一定角度的齿差，当 U 相定子小齿与转子小齿对正时，V 相和 W 相定子上的齿则处于错开状态，如图 4 - 14（b）所示。真实步进电动机的工作原理与上同，只是步距角是小齿距夹角的 1/3。

步进电动机控制系统结构如图 4 - 15 所示。通过单片机或是计算机等发送控制命令给电动机驱动器，电动机驱动器将控制命令转化为驱动信号给执行电动机。

步进驱动控制面板包含步进电动机的驱动信号，与运动控制器的接口，方向和脉冲等控制信号接口。

图中：+A，－A，+B，－B，AC，BC 信号为步进电动机的电源线，用于驱动电动机的运动。+5 V，PUL +，DIR + 为与控制器相连的控制信号。

其含义表述如下：

+5 V 为电源。

PUL + 为脉冲信号，用于位置模式下的电动机控制。

DIR + 为方向信号，用于位置模式下的电动机控制。

步进电动机一般用于开环伺服系统，由于没有位置反馈环节，故位置控制的精度由步进电动机和进给丝杠等来决定。虽档次低，但是结构简单、价格较低。在要求不高的场合仍有广泛应用。在数控机床领域中大功率的步进电动机一般用在进给运动（工作台）控制上，但是就控制性能来说其特性不如交流伺服电动机。振动、噪声也比较大。尤其是在过载情况下，步进电动机会产生失步，严重影响加工精度，但因其便宜的价格，方便使用的特点，在工业中得到广泛的应用。

（2）环形分配器

步进电动机的各绕组必须按一定的顺序通电才能正确工作，这种使电动机绕组的通电顺序按输入脉冲的控制而循环变化的装置称为脉冲分配器，又称为环形分配器。

实现环形分配的方法有三种：

①采用计算机软件分配，采用查表或计算的方法来产生相应的通电顺序。

图4-15　步进电动机驱动控制电路

②采用小规模集成电路搭接一个硬件分配器。

③采用专用的环形分配器。

（3）功率驱动器

功率驱动器实际上是一个功率开关电路，其功能是将环形分配器的输出信号进行功率放大，得到步进电动机控制绕组所需要的脉冲电流及所需要的脉冲波形。开环步进电动机控制系统如图4-16所示。

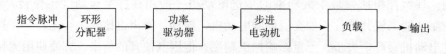

图4-16　开环步进电动机控制系统框图

步进电动机驱动电路的种类很多，按其主电路结构分为以下几类。

①单电源驱动电路。如图4-17所示。

②双电源驱动电路（高、低压驱动电路）。如图4-18所示。

图 4 – 17 单电源驱动电路

图 4 – 18 高、低压驱动电路

学习任务三 认识电液伺服系统

　　自动控制系统中将输出量以一定准确度跟随输入量变化而变化的系统称为伺服系统，稳定性好、精度高、响应快是对它的基本要求。液压传动技术作为一项十分重要的传动技术在工业领域获得广泛的应用。近代液压技术与微电子技术密切结合，使得电液伺服技术得到迅速发展。电液伺服系统（Electrohydraulic Servo System）是一种由电信号处理装置和液压动力机构组成的反馈控制系统。最常见的有电液位置伺服系统、电液速度控制系统和电液力（或力矩）控制系统。

1. 液压传动工作原理

　　液压千斤顶是液压传动的典型应用之一，下面，就以液压千斤顶为例，简要介绍液压传动的基本原理。

　　（1）液压千斤顶工作过程分析

如图 4-19 所示，就是液压千斤顶的结构示意。

图 4-19　液压千斤顶示意图

1—杠杆手柄；2—小油缸；3—小活塞；4，7—单向阀；5—吸油管；6，10—管道；
8—大活塞；9—大油缸；11—截止阀；12—油箱

如图 4-19 所示，大油缸 9 和大活塞 8 组成举升液压缸。杠杆手柄 1、小油缸 2、小活塞 3、单向阀 4 和 7 组成手动液压泵。

如提起手柄使小活塞向上移动，小活塞下端油腔容积增大，形成局部真空，这时单向阀 4 打开，通过吸油管 5 从油箱 12 中吸油；用力压下手柄，小活塞下移，小活塞下腔压力升高，单向阀 4 关闭，单向阀 7 打开，下腔的油液经管道 6 输入举升大油缸 9 的下腔，迫使大活塞 8 向上移动，顶起重物。

再次提起手柄吸油时，单向阀 7 自动关闭，使油液不能倒流，从而保证了重物不会自行下落。不断地往复扳动手柄，就能不断地把油液压入举升缸下腔，使重物逐渐地升起。如果打开截止阀 11，举升缸下腔的油液通过管道 10、截止阀 11 流回油箱，重物就向下移动。这就是液压千斤顶的工作原理。

（2）液压原理

通过对上面液压千斤顶工作过程的分析，可以初步了解到液压传动的基本工作原理。

液压传动是利用有压力的油液作为传递动力的工作介质。压下杠杆时，小油缸 2 输出压力油，将机械能转换成油液的压力能，压力油经过管道 6 及单向阀 7，推动大活塞 8 举起重物，将油液的压力能又转换成机械能。大活塞 8 举升的速度取决于单位时间内流入大油缸 9 中油容积的多少。由此可见，液压传动是一个不同能量的转换过程。

液压系统主要由以下 4 部分组成：

①能源装置——把机械能转换成油液液压能的装置。最常见的形式就是液压泵，它给液压系统提供压力油。

②执行元件——把油液的液压能转换成机械能的元件。有作直线运动的液压缸，或作回转运动的液压马达。

③控制调节元件——对系统中油液压力、流量或油液流动方向进行控制或调节的元件。例如，溢流阀、节流阀、换向阀、开停阀等。这些元件的不同组合形成了不同功能的液压系统。

④辅助元件——上述三部分以外的其他元件，例如油箱、过滤器、油管等。它们对保证系统正常工作有重要作用。

知识链接

气动技术

气动技术，全称气压传动与控制技术，是生产过程自动化和机械化的最有效手段之一，具有高速高效、清洁安全、低成本、易维护等优点，被广泛应用于轻工机械领域中，在食品包装及生产过程中也正在发挥越来越重要的作用。

气动原理和液压原理有所不同，是利用压缩空气产生的压缩能量，在受控制的状态下释放，推动执行机构工作。

气压传动系统，除了能源装置——气源装置，执行元件——气缸、气马达，控制元件——气动阀，辅助元件——管道、接头、消声器外，常常还装有一些完成逻辑功能的逻辑元件等。

气动技术的优点主要有以下几点：

①气动装置结构简单、轻便、安装维护简单。压力等级低，故使用安全。

②工作介质是取之不尽的空气，空气本身不花钱。排气处理简单，不污染环境，成本低。

③输出力以及工作速度的调节非常容易。气缸的动作速度一般为 50～500 mm/s，比液压和电气方式的动作速度快。

④可靠性高，使用寿命长。电器元件的有效动作次数约为百万次，而 SMC 的一般电磁阀的寿命大于 3 000 万次，小型阀超过 2 亿次。

⑤利用空气的压缩性，可贮存能量，实现集中供气；可短时间释放能量，以获得间歇运动中的高速响应；可实现缓冲；对冲击负载和过负载有较强的适应能力。在一定条件下，可使气动装置有自保持能力。

⑥全气动控制具有防火、防爆、防潮的能力。与液压方式相比，气动方式可在高温场合使用。

⑦由于空气流动损失小，压缩空气可集中供应，并远距离输送。

气动技术的主要缺点：

①由于空气有压缩性，气缸的动作速度易受负载的变化而变化。采用气液联动方式可以克服这一缺陷。

②气缸在低速运动时候，由于摩擦力占推力的比例较大，气缸的低速稳定性不如液压缸。

③虽然在许多应用场合，气缸的输出力能满足工作要求，但其输出力比液压缸小。

2. 电液伺服控制系统

电液伺服控制系统是以液压为动力，采用电气方式实现信号传输和控制的机械量自动控制系统。按系统被控机械量的不同，它又可以分为电液位置伺服系统、电液速度伺服控制系统和电液力控制系统 3 种。下面，就以电液位置伺服控制系统为例，简要介绍一下电液伺服系统的组成和原理。

电液位置伺服控制系统适合于负载惯性大的高速、大功率对象的控制，它已在飞行器的姿态控制、飞机发动机的转速控制、雷达天线的方位控制、机器人关节控制、带材跑偏、张力控制、材料试验机和加载装置等中得到应用。

（1）电液伺服系统原理

如图4-20所示是一个典型的电液位置伺服控制系统。图中反馈电位器与指令电位器接成桥式电路。反馈电位器滑臂与控制对象相连，其作用是把控制对象位置的变化转换成电压的变化。反馈电位器与指令电位器滑臂间的电位差（反映控制对象位置与指令位置的偏差）经放大器放大后，加于电液伺服阀转换为液压信号，以推动液压缸活塞，驱动控制对象向消除偏差方向运动。当偏差为零时，停止驱动，因而使控制对象的位置总是按指令电位器给定的规律变化。

图4-20　典型的电液位置伺服控制系统

（2）电液伺服系统的组成和主要器件

电液伺服系统中常用的位置检测元件有自整角机、旋转变压器、感应同步器和差动变压器等。伺服放大器为伺服阀提供所需要的驱动电流。电液伺服阀的作用是将小功率的电信号转换为阀的运动，以控制流向液压动力机构的流量和压力。因此，电液伺服阀既是电液转换元件又是功率放大元件，它的性能对系统的特性影响很大，是电液伺服系统中的关键元件。

液压动力机构由液压控制元件、执行机构和控制对象组成。液压控制元件常采用液压控制阀或伺服变量泵。常用的液压执行机构有液压缸和液压马达。液压动力机构的动态特性在很大程度上决定了电液伺服系统的性能。

电液伺服系统主要由电信号处理部分和液压的功率输出部分组成。

电液伺服控制系统不管多么复杂，都是由以下一些基本元件组成的，如图4-21所示。

图 4 - 21 电液伺服控制系统

①输入元件：也称指令元件，它给出输入信号（指令信号）加于系统的输入端，是机械的、电气的、气动的等。如靠模、指令电位器或计算机等。

②反馈测量元件：测量系统的输出并转换为反馈信号。这类元件也是有多种形式的，各种传感器常作为反馈测量元件。

③比较元件：将反馈信号与输入信号进行比较，给出偏差信号。

④放大转换元件：将偏差信号放大、转换成液压信号（流量或压力）。如伺服放大器、机液伺服阀、电液伺服阀等。

⑤执行元件：产生调节动作加于控制对象上，实现调节任务。如液压缸和液压马达等。

⑥控制对象：被控制的机器设备或物体，即负载。

⑦其他：各种校正装置，以及不包含在控制回路内的液压能源装置。

为改善系统性能，电液伺服系统常采用串联滞后校正来提高低频增益，降低系统的稳态误差。此外，采用加速度或压力负反馈校正则是提高阻尼性能而又不降低效率的有效办法。

综上所述可以看到，电液伺服系统有许多优点，其中最突出的就是响应速度快、输出功率大、控制精确性高，因而在航空、航天、军事、冶金、交通、工程机械等领域得到了广泛的应用。人类使用水利机械及液压传动虽然已有很长的历史，但液压控制技术的快速发展却还是近几十年的事，随着电液伺服阀的诞生，使液压伺服技术进入了电液伺服时代，其应用领域也得到广泛的扩展。

同步练习

1. 步进电动机的结构及工作原理是什么？驱动方式有哪些？各有何特点？

2. 什么是伺服控制？为什么机电一体化系统的运动控制往往是伺服控制？

3. 机电一体化对伺服系统的技术要求是什么？

4. 比较直流伺服电动机和交流伺服电动机的适用环境差别。

5. 直流伺服的特点是什么？驱动方式有哪些？

6. 交流伺服的特点是什么？驱动方式有哪些？

7. 简述各种伺服电动机的区别和特点。

8. 简述交流电动机变频调速控制方案。

9. 交流变频调速有哪几种类型，各有什么特点？

10. 液压执行机构的特点是什么？

课题学习评价表

序号	主要内容	考核要求	配分	得分
1	直流伺服系统	1. 能说出直流伺服系统的各组成环节及其工作原理； 2. 能简单讲述 PWM 功率放大器的基本原理； 3. 可以说出双极式 PWM 变换器的特点； 4. 能知晓直流伺服系统的稳态误差及减小方法，直流伺服系统的动态校正方法	20	
2	交流伺服系统	1. 能回答交流伺服系统的分类及应用场合； 2. 能说出异步交流电动机变频调速的基本原理及特性； 3. 可以简单讲述变频调速系统结构及工作原理	30	
3	步进电动机控制系统	1. 能熟练说出步进电动机的结构、工作原理及使用特性； 2. 看得懂环行分配器的概念及实现环形分配的方法； 3. 能回答步进电动机驱动电路的种类及其工作原理； 4. 能听懂提高系统精度的措施	25	
4	电液伺服系统	1. 能熟练回答电液伺服系统的概念、特点及分类； 2. 能回答电液位置伺服控制系统的分类及相应系统的工作原理； 3. 能读懂电液位置伺服系统应用实例	25	
备注			自评得分	

课题五
学习计算机控制接口技术

知识目标

重点掌握计算机控制系统的结构原理、分类以及组成；了解计算机控制系统的类型；了解计算机控制系统的发展方向；了解接口技术的概念及种类；了解工业控制计算机系统的分类及硬件组成的一般形式；了解 STD 总线的技术特点。

能力目标

具备对（工业）计算机控制系统及应用的认知能力；初步具有识别计算机系统类型及其工作过程的能力；能够分析计算机控制系统及其接口技术的工作原理；可以运用所学的计算机和控制接口方面的基础知识，了解解决现代工业控制过程中的实际问题的过程。

案例导入

1. 工业炉的计算机控制

图5-1介绍了工业炉计算机控制的典型情况，其燃料为燃料油或者煤气，为了保证燃料在炉膛内正常燃烧，必须保持燃料和空气的比值恒定。图5-2所示为控制系统实物。

图5-1　工业炉的计算机控制

图5-2　控制系统实物图片

图5-1中描述了燃料和空气的比值控制过程，它可以防止空气太多时，过剩空气带走大量热量；也可防止当空气太少时，由于燃料燃烧不完全而产生许多一氧化碳或炭黑。为了保持所需的炉温，将测得的炉温送入数字计算机计算，进而控制燃料和空气阀门的开度。为了保持炉膛压力恒定，避免在压力过低时从炉墙的缝隙处吸入大量过剩空气，或在压力过高

时大量燃料通过缝隙逸出炉外，同时还采用了压力控制回路。测得的炉膛压力送入计算机，进而控制烟道出口挡板的开度。

此外，为了提高炉子的热效率，还需对炉子排出的废气进行分析，一般是用氧化锆传感器测量烟气中的微量氧，通过计算而得出其热效率，并用以指导燃烧调节。

2. 水质监测

我国很多工业城市的废水排放量较大，已造成城市地表水的严重污染。各城市的环境监测中心站肩负着对城市地表环境水质及污染源排放废水的监测工作，很多城市相继形成了以市站为网头，与区站、行业站构成一体的废水监测网。

为提高水质监测能力，建立了如图 5-3 所示的废水在线监测系统，建成一个由污水排放监测子站、监测中心站和管理中心（城市环保局）组成的城市废水监测网络系统。该系统可实现对企业废水和城市污水的自动采样、流量的在线监测和主要污染因子的在线监测；实时掌握企业及城市污水排放情况及污染物排放总量，实现监测数据自动传输；由监测中心站的计算机控制中心进行数据汇总、整理和综合分析；监测信息传至城市环保局，由城市环保局对企业进行监督管理。

从上述两个案例可以看出，计算机控制以及网络技术的使用，极大地提高了系统控制的自动化水平和控制的精度以及实时性。采用计算机控制技术已经成为机电一体化技术的重要特征。

图 5-3　工业废水监测系统框图

103

学习任务一 了解计算机控制系统

1. 计算机控制系统的组成

将模拟式自动控制系统中的控制器的功能用计算机来实现，就组成了一个典型的计算机控制系统，如图5-4所示。因此，简单地说，计算机控制系统就是采用计算机来实现的工业自动控制系统。

图5-4 计算机控制系统的基本框图（闭环）

在控制系统中引入计算机，可以充分利用计算机的运算、逻辑判断和记忆等功能完成多种控制任务。在系统中，由于计算机只能处理数字信号，因而给定值和反馈量要先经过A/D转换器将其转换为数字量，才能输入计算机。当计算机接收了给定量和反馈量后，依照偏差值，按某种控制规律进行运算（如PID运算），计算结果（数字信号）再经过D/A转换器，将数字信号转换成模拟控制信号输出到执行机构，便完成了对系统的控制作用。

典型的机电一体化控制系统结构可用图5-5来示意，它可分为硬件和软件两大部分。

图5-5 典型计算机控制系统的组成框图

硬件是指计算机本身及其外围设备，一般包括中央处理器、内存储器、磁盘驱动器、各种接口电路、以 A/D 转换和 D/A 转换为核心的模拟量 I/O 通道、数字量 I/O 通道以及各种显示、记录设备、运行操作台等。

（1）计算机硬件的主要组成

①由中央处理器、时钟电路、内存储器构成的计算机主机是组成计算机控制系统的核心部件，主要进行数据采集、数据处理、逻辑判断、控制量计算、越限报警等，通过接口电路向系统发出各种控制命令，指挥全系统有条不紊地协调工作。

②操作台是人—机对话的联系纽带，操作人员可通过操作台向计算机输入和修改控制参数，发出各种操作命令；计算机可向操作人员显示系统运行状况，发出报警信号。操作台一般包括各种控制开关、数字键、功能键、指示灯、声讯器、数字显示器或 CRT 显示器等。

③通用外围设备主要是为了扩大计算机主机的功能而配置的。它们用来显示、存储、打印、记录各种数据。常用的有打印机、记录仪、图形显示器（CRT）、软盘、硬盘及外存储器等。

④I/O 接口与 I/O 通道是计算机主机与外部连接的桥梁，常用的 I/O 接口有并行接口和串行接口。I/O 通道有模拟量 I/O 通道和数字量 I/O 通道。其中模拟量 I/O 通道的作用是，一方面将经由传感器得到的工业对象的生产过程参数变换成二进制代码传送给计算机；另一方面将计算机输出的数字控制量变换为控制操作执行机构的模拟信号，以实现对生产过程的控制。数字量通道的作用是，除完成编码数字输入/输出外，还可将各种继电器、限位开关等的状态通过输入接口传送给计算机，或将计算机发出的开关动作逻辑信号经由输出接口传送给生产机械中的各个电子开关或电磁开关。

⑤传感器的主要功能是将被检测的非电学量参数转变成电学量，如热电偶把温度变成电压信号，压力传感器把压力变成电信号等。变送器的作用是将传感器得到的电信号转变成适用于计算机接口使用的标准的电信号（如0～10 mADC）。

此外，为了控制生产过程，还需有执行机构。常用的执行机构有各种电动、液动、气动开关，电液伺服阀，交、直流电动机，步进电动机等。

（2）计算机软件

软件是指计算机控制系统中具有各种功能的计算机程序的总和，如完成操作、监控、管理、控制、计算和自诊断等功能的程序。整个系统在软件指挥下协调工作。从功能区分，软件可分为系统软件和应用软件。

①系统软件。

系统软件是由计算机的制造厂商提供的，用来管理计算机本身的资源和方便用户使用计算机的软件。常用的有操作系统、开发系统等，它们一般不需用户自行设计编程，只需掌握使用方法或根据实际需要加以适当改造即可。

②应用软件。

应用软件是用户根据要解决的控制问题而编写的各种程序，比如各种数据采集、滤波程序，控制量计算程序，生产过程监控程序等。通常是由用户或者用户委托专业人员根据需要自行编制的。

在计算机控制系统中，软件和硬件不是独立存在的，在设计时必须注意两者相互间的有机配合和协调，只有这样才能研制出满足生产要求的高质量的控制系统。

2. 计算机在控制中的应用方式

根据计算机在控制中的应用方式，可以把计算机控制系统划分为四类，它们是：操作指导控制系统，直接数字控制系统，监督计算机控制系统和分级计算机控制系统。

（1）操作指导控制系统

如图 5-6 所示，在操作指导控制系统中，计算机的输出不直接用来控制生产对象的。计算机只是对生产过程的参数进行采集，然后根据一定的控制算法计算出供操作人员参考、选择的操作方案和最佳设定值等，操作人员根据计算机的输出信息去改变调节器的设定值，或者根据计算机输出的控制量执行相应的操作。操作指导控制系统的优点是结构简单，控制灵活安全，特别适用于未摸清控制规律的系统，常常被用于计算机控制系统研制的初级阶段，或用于试验新的数学模型和调试新的控制程序等。由于最终需人工操作，故不适用于快速过程的控制。

图 5-6　计算机操作指导控制系统示意图

计算机操作指导控制系统应用如图 5-7 所示，为某数控机床加工工件示意图，操作人员根据被加工工件的尺寸设定好加工参数后，机床开始对工件进行加工。整个加工过程由机床控制器进行控制，加工完成后操作人员需要对工件进行尺寸的测量以便调整加工精度。

（2）直接数字控制系统

直接数字控制 DDC（Direct Digital Control）系统是计算机用于工业过程控制最普遍的一种方式，其结构如图 5-8 所示。计算机通过输入通道对一个或多个物理量进行巡回检测，并根据规定的控制规律进行运算，然后发出控制信号，通过输出通道直接控制调节阀等执行机构。

图 5-7　机床工件加工示意图

图 5-8　直接数字控制系统

在 DDC 系统中的计算机参加闭环控制过程，它不仅能完全取代模拟调节器，实现多回路的 PID（比例、积分、微分）调节，而且不需改变硬件，只需通过改变程序就能实现多种较复杂的控制规律，如串级控制、前馈控制、非线性控制、自适应控制、最优控制等。

如图 5-9 所示液体混合控制系统，PLC 控制阀门 A 和阀门 B 的打开及关断，当液体混合水箱中达到位置 SA2 时，PLC 输入端收到 SA2 传感器信号，通过 PLC 内部程序，输出端导致阀门 A 和阀门 B 的关断，物料 A 和物料 B 停止流入。

图 5-9　液体混合控制示意图

（3）监督计算机控制系统（SCC）

在监督计算机控制（Supervisory Computer Control）系统中计算机根据工艺参数和过程参量检测值，按照所设计的控制算法进行计算，计算出最佳设定值直接传送给常规模拟调节器或者 DDC 计算机，最后由模拟调节器或 DDC 计算机控制生产过程。SCC 系统有两种类型，一种是 SCC + 模拟调节器，另一种是 SCC + DDC 控制系统。监督计算机控制系统构成示意图如图 5-10 所示。

图 5 – 10　监督计算机控制系统构成示意图

(a) SCC + 模拟调节器系统；(b) SCC + DDC 系统

①SCC + 模拟调节器的控制系统。

这种类型的系统中，计算机对各过程参量进行巡回检测，并按一定的数学模型对生产工况进行分析、计算后得出被控对象各参数的最优设定值送给调节器，使工况保持在最优状态。当 SCC 计算机发生故障时，可由模拟调节器独立执行控制任务。

②SCC + DDC 的控制系统。

这是一种二级控制系统，SCC 可采用较高档的计算机，它与 DDC 之间通过接口进行信息交换。SCC 计算机完成工段、车间等高一级的最优化分析和计算，然后给出最优设定值，送给 DDC 计算机执行控制。

通常在 SCC 系统中，选用具有较强计算能力的计算机，其主要任务是输入采样和计算设定值。由于它不参与频繁的输出控制，可有时间进行具有复杂规律的控制算式的计算。因此，SCC 能进行最优控制、自适应控制等，并能完成某些管理工作。SCC 系统的优点是不仅可进行复杂控制规律的控制，而且其工作可靠性较高，当 SCC 出现故障时，下级仍可继续执行控制任务。

（4）分级计算机控制系统

生产过程中既存在控制问题，也存在大量的管理问题。同时，设备一般分布在不同的区域，其中各工序，各设备同时并行地工作，基本相互独立，故全系统是比较复杂的。这种系统的特点是功能分散，用多台计算机分别执行不同的控制功能，既能进行控制又能实现管理。图 5 – 11 是一个四级计算机控制系统。其中过程控制级为最底层，对生产设备进行直接数字控制；车间管理级负责本车间各设备间的协调管理；工厂管理级负责全厂各车间生产协调，包括安排生产计划、备品备件等；企业（公司）管理级负责总的协调，安排总生产计划，进行企业（公司）经营方向的决策等。

图 5 – 11　计算机分级控制系统

学习任务二　学习计算机控制系统的接口

图 5 – 12 是一种以 MCS 51 单片机为主控器，以 ADC0809 为核心，以气压、油压、温度、霍尔元件等传感器为主要外围元件的车用数字仪表（VDI）的框图。该汽车仪表系统具有显示直观、准确，使用方便可靠等优点。

图 5 – 12　车用数字仪表系统组成框图

从图 5 – 12 中可以看出，源自气压、油压等模拟传感器信号要传入计算机，必须经过一个型号为 ADC0809 的模/数接口才可以实现。这个 ADC0809 就是计算机接口的一种。

接口，就是用于完成计算机主机系统与外部设备之间，不同制式、不同类型的信息交换的设备。接口有通用和专用之分，外部信息的不同，所采用的接口方式也不同，一般可分为如下几种。

人机通道及接口技术：键盘接口技术、显示接口技术、打印接口技术、软磁盘接口技术等。

检测通道及接口技术：A/D 转换接口技术，V/F 转换接口技术等。

控制通道及接口技术：F/V 转换接口技术，D/A 转换接口技术，光电隔离接口技术，开关接口技术等。

系统间通道及接口技术：公用 RAM 区接口技术，串行口技术等。

机电一体化系统对接口的要求是：能够输入有关的状态信息，并能够可靠地传送相应的控制信息；能够进行信息转换，以满足系统对输入与输出的要求；具有较强的阻断干扰信号的能力，以提高系统工作的可靠性。

1. 并行、串行I/O接口数据传送方式

所谓I/O接口也就是输入/输出接口。根据信号传输方式的不同，一般可分为并行和串行两种方式。

（1）并行接口

并行接口中各位数据都是并行传送的，它通常是以字节（8位）或字（16位）为单位进行数据传输，指采用并行传输方式来传输数据的接口标准。从最简单的一个并行数据寄存器或专用接口集成电路芯片如8255、6820等，一直至较复杂的SCSI或IDE并行接口，种类有数十种。通常所说的并行接口一般称为Centronics接口，也称IEEE1284标准。

由于数据并行传输，所以，相比串行接口，传输速度快，比较适合于短距离、高速数据传输的场合，实现更高速的双向通信。例如连接磁盘机、磁带机、光盘机、网络设备等计算机外部设备。当传输距离较远、位数又多时，并行接口就导致通信线路复杂且成本提高。

如图5－13所示的就是各类并行接口及并行电缆，传输的是数字量和开关量。

图5－13　各类并行接口及并行电缆
（a）25PIN并行接口；（b）36PIN并行接口；（c）并行电缆

（2）串行接口

串行接口是指数据一位位地顺序传送，其特点是通信线路简单，只要一对传输线就可以实现双向通信，并可以利用电话线，从而大大降低了成本，特别适用于远距离通信，但传送

速度较慢。

　　一条信息的各位数据被逐位按顺序传送的通信方式称为串行通信。串行通信的特点是：数据位传送，按位顺序进行，最少只需一根传输线即可完成；成本低但传送速度慢。串行通信的距离可以从几米到几千米；根据信息的传送方向，串行通信可以进一步分为单工、半双工和全双工三种。

　　串行接口按电气标准及协议来分包括 RS – 232 – C、RS – 422、RS – 485 等。其中，RS – 422 与 RS – 485 标准只对接口的电气特性做出规定，不涉及接插件、电缆或协议。图 5 – 14 为 RS – 232 接口。

图 5 – 14　RS – 232 串口

2. 数/模（D/A）转换和模/数（A/D）转换接口

（1）数/模（D/A）转换器

　　D/A 转换器是指将数字量转换成模拟量的电路，其主要作用是将计算机需要输出的数字量转换成电压，以便再转换成适合外围设备的模拟物理量。它由权电阻网络、参考电压、电子开关等组成。如图 5 – 15 所示为 DAC0832 D/A 转换器的电路框图。

　　如图 5 – 16 所示，三菱 FX3U PLC 中的 FX – 3U – ADP 模块可以进行 D/A 转换，如自来水供水系统中要根据用户水压，D/A 模块将外部压力传感器测得的压力经内部计算后转换成模拟量电压后传送给变频器，变频器控制的供水泵进行不同频率段的工作从而有效地供水。

图 5 – 15　DAC0832 D/A 转换器

（2）模/数（A/D）转换接口

　　A/D 转换器是将外围设备转换的模拟电压，转换成数字量的器件，它的实现方法有多种，常用的有逐次逼近法、双积分法。图 5 – 17 所示为 A/D 转换器 ADC0809 的框图。

信号名称	用途
24+	外部电源
24–	
⏚	接地端子
•	空端子
V1+	
I1+	通道1 模拟量输入
COM1	
V2+	
I2+	通道2 模拟量输入
COM2	
V0	
I0	模拟量输出
COM	
•	空端子
•	

图 5 – 16　FX – 3U – ADP 模块

图 5 – 17　ADC0809 结构框图

如图 5 – 16 所示，FX – 3U – ADP 模块同样也可以进行 A/D 转换，如货物码垛传输过程中，称重台传感器根据测得的质量经过 A/D 转换后，可以转换成相应的数字量，从而将货物运送到对应的码垛位置。

学习任务三　了解工业常用控制计算机

　　工控机（Industrial Personal Computer，IPC）是一种加固的增强型个人计算机，它可以作为一个工业控制器在工业环境中可靠运行。

　　早在 20 世纪 80 年代初期，美国 AD 公司就推出了类似 IPC 的 MAC – 150 工控机，随后美国 IBM 公司正式推出工业个人计算机 IBM7532。由于 IPC 的性能可靠、软件丰富、价格低廉，而在工控机中异军突起，后来居上，应用日趋广泛。现在国内品牌主要有研华、研祥 EVOC 等。

　　工业控制计算机是一种采用总线结构，对生产过程及其机电设备、工艺装备进行检测与控制的设备总称，简称“工控机”。包括计算机和过程输入、输出通道两部分。它具有重要的计算机属性和特征，如：具有计算机 CPU、硬盘、内存、外设及接口、并有实时的操作系统、控制网络和协议、计算能力、友好的人机界面等。目前工控机的主要类别有：IPC（PC 总线工业电脑）、PLC（可编程控制系统）、DCS（分散型控制系统）、FCS（现场总线系统）及 CNC（数控系统）五种。

　　工控机通俗地说就是专门为工业现场而设计的计算机，而工业现场一般具有强烈的震动，灰尘特别多，另有很高的电磁场力干扰等特点，且一般工厂均是连续作业即一年中一般没有休息。因此，工控机与普通计算机相比必须具有以下特点。

　　①机箱采用钢结构，有较高的防磁、防尘、防冲击的能力。

　　②机箱内有专用底板，底板上有 PCI 和 ISA 插槽。

　　③机箱内有专门电源，电源有较强的抗干扰能力。

　　④要求具有连续长时间工作能力。

　　⑤一般采用便于安装的标准机箱（4U 标准机箱较为常见）。

　　注：除了以上的特点外，其余基本相同。另外，由于以上的专业特点，同层次的工控机在价格上要比普通计算机偏贵，但一般不会相差太多。

　　目前工控机的劣势：尽管工控机与普通的商用计算机相比，具有得天独厚的优势，但其劣势也是非常明显的——数据处理能力差，具体为：

　　配置硬盘容量小；数据安全性低；存储选择性小；价格较高。

3. 常用工业控制机简介

　　（1）工业电脑 IPC

　　IPC（Industry Personal Computer）即基于 PC 总线的工业电脑，如图 5 –18 所示。据

2000 年 IDC 统计目前 PC 机已占到通用计算机的 95% 以上，因其价格低、质量高、产量大、软/硬件资源丰富，已被广大的技术人员所熟悉和认可，这正是工业电脑热的基础。其主要的组成部分为工业机箱、无源底板及可插入其上的各种板卡组成，如 CPU 卡、I/O 卡等。并采取全钢机壳、机卡压条过滤网，双正压风扇等设计及 EMC（Electromagnetic Compatibility）技术以解决工业现场的电磁干扰、震动、灰尘、高/低温等问题。IPC 的特点：可靠性，工业 PC 具有在粉尘、烟雾、高/低温、潮湿、震动、腐蚀条件下工作，快速诊断和可维护性，其 MTTR（Mean Time to Repair）一般为 5 min，MTTF 10 万小时以上，而普通 PC 的 MTTF 仅为 10 000 ~ 15 000 小时。实时性，工业 PC 对工业生产过程进行实时在线检测与控制，对工作状况的变化给予快速响应，及时进行采集和输出调节（看门狗功能这是普通 PC 所不具有的），遇险自复位，保证系统的正常运行。扩充性，工业 PC

图 5-18　工控机外形图

由于采用底板 + CPU 卡结构，因而具有很强的输入/输出功能，最多可扩充 20 个板卡，能与工业现场的各种外设、板卡，如与道控制器、视频监控系统、车辆检测仪等相连，以完成各种任务。兼容性，能同时利用 ISA 与 PCI 及 PICMG 资源，并支持各种操作系统，多种汇编语言，多任务操作系统。

（2）可编程序控制器 PLC

PLC（Programmable Logic Controller，可编程序逻辑控制器）是一种数字运算操作的电子系统，是专为在工业环境应用而设计的。它采用一类可编程的存储器，用于其内部存储程序，执行逻辑运算、顺序控制、定时、计数与算术操作等面向用户的指令，并通过数字或模拟式输入/输出控制各种类型的自动控制系统。PLC 自 20 世纪 60 年代由美国推出以取代传统继电器控制装置以来，得到了快速发展，在工业控制领域得到了广泛应用。图 5-19 所示为不同的 PLC 实物和 PLC 控制系统。

图 5-19　PLC 实物图

图 5 – 20 是 PLC 应用于逻辑控制的简单事例。输入信号是由按钮开关、限位开关、继电器触点等提供的各种开关信号，通过接口进入 PC，经 PC 处理后产生控制信号，通过输出接口送给线圈、继电器、指示灯、电动机等输出装置。

PLC 的特点如下：

图 5 – 20 PLC 的逻辑控制电路

①工作可靠：由于输入/输出采用了光电耦合技术，因此，具有很强的抗干扰能力，适合于工业现场控制。

②可与工业现场信号直接连接。

③积木式组合：尤其是模块式 PLC，除了电源模块和 CPU 模块之外，其他模块可以根据需要变化和增减，运用起来十分方便。

④编程操作容易：由于 PLC 采用的是脱胎于继电控制系统的梯形图编程，因此，只要具备常规的控制电路分析能力，在逻辑上就很容易掌握 PLC 的编程方式。

⑤易于安装及维修。

（3）单片微计算机及嵌入式系统

单片微计算机是将 CPU、RAM、ROM、定时/计数、多功能 I/O（并行、串行、A/D）、通信控制器，甚至图形控制器、高级语言、操作系统等都集成在一块大规模集成电路芯片上。

在单片机的技术基础上，将计算机控制系统直接"嵌入"系统控制板的嵌入式系统目前也是大行其道。

嵌入式系统被定义为：以应用为中心、以计算机技术为基础、软件硬件可裁剪、适应应用系统对功能、可靠性、成本、体积、功耗严格要求的专用计算机系统。如图 5 – 21 所示。

嵌入式系统涵盖了硬件和软件两个层面，建立在一个高性能的微处理器（相对于单片机）的硬件基础上的，以一个成熟的实时多任务操作系统（RTOS）为软件平台。

嵌入式系统软硬件是可裁减的，并具有软硬件一体化、低功耗、体积小、可靠性高、技术密集等特点。

一个典型的嵌入式系统是由以下几个部分组成的：硬件平台、板级支持包（Board Support Package，BSP）、实时操作系统（Real Time Operating System，RTOS）、应用程序。

硬件平台主要包括嵌入式微处理器和控制所需的相关外设，微处理器是嵌入式系统的

图 5 –21　嵌入式计算机系统

硬件核心。嵌入式操作系统是嵌入式系统的灵魂，它大大提高了嵌入式系统开发的效率，减少了系统开发的工作量，而且操作系统使得应用程序具有了较好的可移植性。可以依托嵌入式处理器和操作系统为软硬件平台设计专门的工业控制器，使它作为现场的控制装置安放到设备层当中，与传统采用的单片机控制方式相比，它具有处理能力强大、便于系统集成开发等优点；同时其软硬件可剪裁，因此与 PLC 相比具有更紧凑的结构和更低的价格。而且，嵌入式控制器上可嵌入各种通信接口，所以比 PLC 具有更强的系统适应性。此外，嵌入式控制器可以具有大容量的数据存储和 LCD、触摸屏接口，因此也可作为控制层的工作站，集中管理现场的各个控制节点。

（4）分散型控制系统（DCS）

DCS 英文全称 Distributed Control System，中文全称为分布式控制系统。它是一种高性能、高质量、低成本、配置灵活的分散控制系统系列产品，可以构成各种独立的控制系统、分散控制系统 DCS、监控和数据采集系统（SCADA），能满足各种工业领域对过程控制和信息管理的需求。系统的模块化设计、合理的软硬件功能配置和易于扩展的能力，能广泛用于各种大、中、小型电站的分散型控制、发电厂自动化系统的改造以及钢铁、石化、造纸、水泥等工业生产过程控制。

（5）数控系统（CNC）

CNC 英文全称 Computer Numerical Control，中文全称为计算机数字控制系统。它是采用微处理器或专用微机的数控系统，由事先存放在存储器里的系统程序（软件）来实现控制逻辑，实现部分或全部数控功能，并通过接口与外围设备进行连接，称为计算机数控，简称 CNC 系统。数控机床是以数控系统为代表的新技术对传统机械制造产业的渗透形成的机电一体化产品；其技术范围覆盖很多领域：机械制造技术，信息处理、加工、传输技术，自动控制技术，伺服驱动技术，传感器技术，软件技术等。

4. 工业控制计算机的总线

（1）什么是总线

总线（Bus）是计算机各种功能部件之间传送信息的公共通信干线，它是由导线组成的传输线束，按照计算机所传输的信息种类，计算机的总线可以划分为数据总线、地址总线和控制总线，分别用来传输数据、数据地址和控制信号。

总线是一种内部结构，它是 CPU、内存、输入/输出设备传递信息的公用通道，主机的各个部件通过总线相连接，外部设备通过相应的接口电路再与总线相连接，从而形成了计算机硬件系统。微型计算机是以总线结构来连接各个功能部件的。

总线是一类信号线的集合是模块间传输信息的公共通道，通过它，计算机各部件间可进行各种数据和命令的传送。为使不同供应商的产品间能够互换，给用户更多的选择，总线的技术规范要标准化。

总线的标准制定要经周密考虑，要有严格的规定。总线标准（技术规范）包括以下几部分。

①机械结构规范：模块尺寸、总线插头、总线接插件以及安装尺寸均有统一规定。

②功能规范：总线每条信号线（引脚的名称）、功能以及工作过程要有统一规定。

③电气规范：总线每条信号线的有效电平、动态转换时间、负载能力等。

下面，就以 STD 总线为例，简述工业控制总线的结构。

（2）STD 总线简述

工业控制的总线协议种类很多，如：ISA，EISA，PCI，STD，CAN 等，分别适用于不同的控制要求和计算机。其中，STD 总线是一个通用工业控制的 8 位微型机总线，它定义了 8 位微处理器总线标准，可容纳各种 8 位通用微处理器。

STD 总线在 1978 年最早由 PRO - LOG 公司作为工业标准发明的，由 STDGM 制为 STD80 规范，随后被批准为国际标准 IEEE961。STD80/MPX 作为 STD80 追加标准，支持多主（Multi - master）系统，STD 总线工控机是工业型计算机，STD 总线的 16 位总线性能满足嵌入式和实时性应用要求，特别是它的小板尺寸、垂直放置无源背板的直插式结构、丰富的工业 I/O 模板、低成本、低功耗、扩展的温度范围、可靠性和良好的可维护性设计，使其在空间和功耗受到严格限制，可靠性要求较高的工业自动化领域得到了广泛应用。

STD 总线的主要技术特点如下：

①小板结构，高度的模板化。

②严格的标准化，广泛的兼容性。

③面向 I/O 的设计，适合工业控制应用。

④高可靠性。

STD 总线工业控制机的功能模板主要有以下几种：

①人—机接口模板。

②输入/输出接口模板。

③串行通信接口和工业局域网络功能模板。

（3）总线式工业控制机

总线式工业控制机即是依赖于某种标准总线，按工业化标准设计，包括主机在内的各种I/O接口功能模板而组成的计算机，如图5-22所示。

图5-22 总线式工业控制机

（4）现场总线控制系统（Field Bus Control System）

现场总线控制系统（简称FCS）是20世纪90年代兴起的迅速得以应用的新型计算机控制系统，已广泛地应用在工业生产过程自动化领域，现场总线控制系统是利用现场总线将各智能现场设备，各级计算机和自动化设备互联，形成了一个数字式全分散双向串行传输，多分支结构和多点通信的通信网络。现场总线控制总线结构如图5-23所示。

图5-23 现场总线控制系统

顺便提一下，目前流行的计算机集成制造系统（简称CIMS），其概念是在20世纪70年代由美国人哈灵顿提出的，随着计算机和信息技术的发展最终得以实施。尽管目前CIMS工程在企业的推广存在许多困难，但是它确实是企业真正走向现代化的方向。

1. 计算机控制技术的发展方向？

2. 计算机接口方式有几种？

3. 工业控制计算机中 STD 总线的含义？

4. PID 控制的含义是什么？

5. 何谓 I/O 接口？计算机控制过程中为什么需要 I/O 接口？

6. 试分析家用变频空调的计算机控制原理（重点分析输入/输出通道）。

7. 试举例说明几种工业控制计算机的应用领域。

8. 计算机的 I/O 过程中的编址方式有哪些？各有什么特点？

9. 若 12 位 A/D 转换器的参考电压是 ± 2.5 V，试求出其采样量化单位 q。若输入信号为 1 V，问转换后的输出数据值是多少？

10. 用 ADC0809 测量某环境温度，其温度范围为 30 ℃ ~ 50 ℃，线性温度变送器输出 0 ~ 5 V，试求测量该温度环境的分辨率和精度。

11. 中断和查询是计算机控制中的主要 I/O 方式，试论述其优、缺点。

12. 计算机的输入/输出通道中通常设置有缓冲器，请问该通道中的缓冲器通常起到哪些作用？

课题学习评价表

序号	主要内容	考核要求	配分	得分
1	计算机控制系统	1. 能准确表述计算机控制系统的组成及各部分的作用； 2. 可以回答出计算机控制系统的类型； 3. 可以从功能角度说出两种类型的计算机软件； 4. 应流利讲述四类控制系统中计算机的应用方式； 5. 能粗略说出计算机控制系统的发展方向	45	

续表

序号	主要内容	考核要求	配分	得分
2	控制系统的接口技术	1. 能回答计算机接口的分类及应用场合； 2. 完整陈述常用接口方式的原理及工作过程； 3. 可以简答出串口、并口的异同和优缺点； 4. 能辨识 A/D 和 D/A 接口	30	
3	工业控制计算机	1. 能识记工业控制计算机系统硬件组成的一般形式； 2. 可以回答出工业控制计算机分类； 3. 熟练讲述工业控制计算机中 STD 总线的含义、技术特点； 4. 基本能回答可编程序控制器、单片机、嵌入式系统、现场总线等的工作原理，选择以及应用	25	
备注			自评得分	

课题六
学习可靠性和抗干扰技术

知识目标

了解干扰源的种类以及掌握对应防护措施；了解电磁干扰的种类、传播途径以及掌握对应防护措施；熟知提高系统可靠性的途径和方法；掌握抗电磁干扰技术中的屏蔽技术、接地技术、电源滤波技术、耦合技术及其抑制的方法。

能力目标

培养学生理论分析及理论联系实际的能力；在未来的工作中会采取相应的抗干扰技术以及基本应用电路；培养学生爱岗敬业的情感目标。

案例导入

2004年11月29日，在中兴通讯公司培训研讨会上，广西南宁地区的工作人员反映，当地部分远端通信站机房遭雷击问题十分严重，培训研讨会要求公司专家对出事地区通信站情况进行现场调研，以便制定整改方案。

2004年12月13日～15日，中兴通讯公司质量战略工作组可靠性总监和质量经理，在当地相关工程人员的协助下，对南宁铁通分公司、防城港电信分公司、东兴市电信局的十多个通信局（站）的工程防雷接地情况进行了现场调研，发现了这些局（站）在接地防雷设计和工程方面的一些问题，提出了整改意见。

调查人员首先到广西防城港电信分公司东兴市电信局江平镇黄竹站调研。自2003年6月开通以来，该站因雷击导致用户板等设备损坏、返修的情况非常严重。经测试，该站接地桩的接地电阻为3Ω。

经现场考察，调查人员认为，该站并非处于独立高点，遭受直击雷的可能性不大，但电源线和用户线均为农电，由架空明线引入，雷击很可能由电源线或用户线引入。

经过检查，调查人员发现，黄竹站的接地防雷网络有如下问题。

（1）地线与地桩的连接方式不符合要求

相关标准要求地线的连接以焊接为好，至少要通过接地汇流排转接，每个转接孔只能接一根地线，而且要通过线鼻子或铜垫片压紧。禁止多股地线绞在一起与地桩压接。主要目的是减少地线上的阻抗，抑制地电位反弹。如图6-1所示显然是不符合要求的。

（2）地线的粗细不规范，泄放大电流的地线反而较细

40kA避雷器的泄放地线只有4mm（如图6-2所示的细线截面积，下同），不能有效泄放雷击电流，从而使避雷器效果变差，甚至被打坏，证明确有雷击信号从电源线进入。调查人员建议，将该地线改为25mm以上。

另外，配线架的地线也较细（图6-1中的细黑线，约12mm），泄放雷击电流时会在线上产生较大的电位差（与线长有关，该地线线长大于6m）。

图6-1 接地连接方式不符合要求

图6-2 地线的粗细不规范

（3）接地网络不符合均压等电位原则

黄竹站的设备接地网络如图 6-3 所示，是一种典型的星形连接，配线架、ONU（光节点）、SDH（同步数字光端机）三台设备各自分别接地。

由于三根地线长短粗细和泄放电流大小不一，所以当泄放雷击电流时，设备外壳的 A、B、C 三点的电位相差很大。当用户线上的雷击进入配线架时，配线架保安单元泄放电流，地线 AD 上会产生数千伏的浪涌电压，而 B 点、C 点和 D 点的电位仍然为零伏。正是 AD 线上的数千伏电压加上配线架保安器的残压施加在用户板的入口，导致用户板损坏，这就是地电位反弹。

图 6-3 接地网络不符合
均压等电位原则

为此，调查人员认为，整改方案是：将地线与接地桩的连接改为汇流排连接；将 40kA 避雷器的地线改为 25 mm 以上；将 ONU 和 SDH 的地线用 25 mm 以上的短线先连到配线架，再通过 45 mm 以上的地线连接到接地桩。

对其他地区检查发现存在同样的问题，检查人员逐一进行了整改。经长时间的运转后情况正常。显然这是一起典型的因接地技术干扰引起的机电系统可靠性故障。

航天发射场的火箭和卫星测试厂房、发射塔等航天测试发射设施中均设有全空气集中空调系统（即中央空调系统）。航天发射任务要求万无一失，这对航天发射场空调系统的可靠性提出了较高要求。但是，系统故障仍然是难以避免的，根据某发射场空调系统的调研，对空调设备主要故障类型和出现次数进行分类统计分析，其结果见表 6-1、表 6-2。系统及机组如图 6-4 所示。

表 6-1 空调系统主要机械故障及分析

故障设备	故障现象	故障次数	故障率/%
风机	风机轴承、联轴器、底座损坏 风机皮带脱落和打滑	15 4	59.4
换热器	蒸汽加热器泄漏 表冷器冻坏	1 2	9.4
冷却塔	布水器轴承损坏 冷却塔轴承损坏	2 1	9.4
阀门	蒸汽加湿电动阀卡死 电动阀电线脱落 冷水供水蝶阀掉杆	1 1 1	9.4
组合空调器	箱体漏风	1	3.1
转轮除湿机	再生风管过滤器尘堵	1	3.1
系统管道	蒸汽管道腐蚀漏水	1	3.1
冷水机组	压缩机漏油	1	3.1
合计		32	

（a）

（b）

图 6-4　全空气集中空调系统及机组

（a）全空气集中空调系统；（b）机组

表 6－2 空调系统主要电控故障及分析

故障设备	故障现象	故障次数	故障率/%
控制柜	阀门继电器损坏	3	50.0
	保险损坏	7	
	CPU 模块电池没电、程序丢失	3	
	阀门继电器线路断路、短路	6	
配电柜	空气开关烧坏，接线松动	10	36.8
	断路	1	
	指示灯损坏	1	
	风机接触器损坏	2	
电加热器	接线问题	1	7.9
	接线端子短路	2	
传感器	湿度传感器失效	1	5.3
	电源损坏	1	
合计		38	

从统计可以看出，电控系统故障占总故障次数的 54.3%，机械故障次数占总故障次数的 45.7%，可见电控故障率高于机械故障率。

提高空调电控设备的可靠性对提高空调系统可靠性具有重要意义。对故障机理的分析发现，空调设备的故障基本上都是渐变型的，通过对空调设备部件进行科学的检查、保养和易损部件更新，大多数故障是可以及时发现和预防的。

由表 6-1 可见，在机械故障中，故障率最高的空调设备是风机，其故障次数占机械故障总次数的 59.4%，因此提高风机的工作可靠性对提高空调系统可靠性具有十分重要的意义。风机中最容易出现故障的部件是风机轴承、联轴器、底座和皮带，它们是空调维护检修的重点对象。另外，空调换热器、冷却塔轴承和管道阀门也是容易出现故障的设备和部件。

由表 6-2 可见，在空调电控故障中，故障出现频率最高的是空气开关、继电器、控制柜保险问题，这些故障次数占电控故障总次数的 68.4%。可见提高这些电器元件的工作可靠性，对提高空调系统的工作可靠性具有重要意义。

通过对表 6-1 数据的分析可见，在空调设备的机械故障中，运动设备故障占 78.1%，非运动设备故障占 21.9%，可见运动设备的故障率大大高于非运动设备。

空调设备的机械故障失效类型包括磨损疲劳、振动松懈、腐蚀、结垢、密封失效和尘堵等，其中出现频率最高的是磨损疲劳，占总故障的 59.4%，其次是振动松懈，占 15.6%。

综合表 6-1、表 6-2 结果进行分析，该空调系统故障的主要原因为：设备质量问题、维护问题、更新问题、安装和验收问题、操作问题和设计问题，这些故障原因的出现频率为：设备质量问题，37%；维护问题，27%；更新问题，22%；安装和验收问题，9%；操作问题，4%；设计问题，1%。可见设备质量、维护和更新问题是造成空调系统故障的主要原因。

上述案例告诉我们，机电一体化系统及产品要能正常地发挥其功能，首先必须稳定、可靠地工作。可靠性（Reliability）是系统和产品的主要属性之一，是考虑到时间因素的产品质量，对于提高系统的有效性、降低寿命期费用和防止产品发生故障（Failure）具有重要意义。

干扰（Interference）问题是机电一体化系统设计和使用过程中必须考虑的重要问题。在机电一体化系统的工作环境中，存在大量的电磁信号，如电网的波动、强电设备的启停、高压设备和开关的电磁辐射等，当它们在系统中产生电磁感应和干扰冲击时，往往就会扰乱系统的正常运行，轻者造成系统的不稳定，降低了系统的精度；重者会引起控制系统死机或误动作，造成设备损坏或人身伤亡。

抗干扰技术就是研究干扰的产生根源、干扰的传播方式和避免被干扰的措施（对抗）等问题。机电一体化系统的设计中，既要避免被外界干扰，又要考虑系统自身的内部相互干扰，同时还要防止对环境的干扰污染。国家标准中规定了电子产品的电磁辐射（Electromagnetic Radiations）参数指标。

学习任务一　认识可靠性

1. 什么是可靠性

一般所说的"可靠性"指的是"可信赖的"或"可信任的"。对产品而言，可靠性越高就越好。可靠性高的产品，可以长时间正常工作（这正是所有消费者需要得到的）；从专业术语上来说，就是产品的可靠性越高，产品可以无故障工作的时间就越长。

为了对产品可靠性做出具体和定量的判断，可将产品可靠性定义为在规定的条件下和规定的时间内，元器件（产品）、设备或者系统稳定完成功能的程度或性质。

因此，可靠性是指产品在规定的条件下和规定的时间内完成规定功能的能力。

产品可靠性定义的要素是三个"规定"："规定条件""规定时间""规定功能"。

（1）规定条件

"规定条件"包括使用时的环境条件和工作条件；例如同一型号的汽车在高速公路和在崎岖的山路上行驶，其可靠性的表现就大不一样，要谈论产品的可靠性必须指明规定的条件是什么。

（2）规定时间

"规定时间"是指产品规定了的任务时间；随着产品任务时间的增加，产品出现故障的概率将增加，而产品的可靠性将是下降的。因此，谈论产品的可靠性离不开规定的任务时间。例如，一辆汽车刚刚开出厂子，和用了5年后相比，它出故障的概率显然大了很多。

（3）规定功能

"规定功能"是指产品规定了的必须具备的功能及其技术指标。所要求产品功能的多少和其技术指标的高低，直接影响到产品可靠性指标的高低。例如，电风扇的主要功能有转叶、摇头定时，那么规定的功能是两者都要，还是仅需要转叶能转能够吹风，所得出的可靠性指标是大不一样的。

产品在设计、应用过程中，不断经受自身、外界气候环境及机械环境的影响，为了能够正常工作，这就需要以试验设备对其进行验证，这个验证基本分为研发试验、试产试验、量产抽检 3 个部分。

产品实际使用的可靠性叫做工作可靠性。工作可靠性又可分为固有可靠性和使用可靠性。固有可靠性是产品设计制造者必须确立的可靠性，即按照可靠性规划，从原材料和零部件的选用，经过设计、制造、试验，直到产品出产的各个阶段所确立的可靠性。使用可靠性是指已生产的产品，经过包装、运输、储存、安装、使用、维修等因素影响的可靠性。

2. 增强可靠性的主要措施

机电设备的可靠性可用可靠度 R 来表示，见式（6-1）。

$$R = R_1 \cdot R_2 \cdot R_3 \qquad\qquad (6-1)$$

式中，R 为整个机电一体化设备的可靠度；R_1 为机械部件的可靠度；R_2 为电气部件的可靠度；R_3 为机电接口的可靠度。

由此可见，为了提高整个机电一体化设备的可靠性，必须对其各组成部分进行分析，提高各组成部分的可靠性，找出薄弱环节，改善设计方法，合理配置结构，必要时对重要部分可以采用冗余设计。

提高可靠性的措施可以有：对元器件加强筛选；使用容错法设计（使用冗余技术）；重要系统或器件备份；使用故障诊断技术等。

机电一体化设备的可靠性还可通过提高机械运行精度、提高部件的加工精度、提高系统的控制精度等来获得提高。可采用精密机械改造传统机械，电路控制部分可用 PLC（可编程控制）代替传统的继电器接触控制，或采用先进的 NC（数字控制），PC（计算机控制）代替传统控制方法等。

3. 可靠性要素

可靠性包含了耐久性、可维修性、设计可靠性三大要素。

（1）耐久性

产品使用无故障性或使用寿命长就是耐久性。例如，当空间探测卫星发射后，人们希望它能无故障地长时间工作。否则，它的存在就没有太多的意义了，但从某一个角度来说，任何产品不可能百分之百地不会发生故障。

（2）可维修性

当产品发生故障后，能够很快很容易地通过维护或维修排除故障，就是可维修性。像自行车、电脑等都是容易维修的，而且维修成本也不高，能够很快地排除故障，这些都是事后维护或者维修。而像飞机、汽车都是价格很高，而且非常注重安全可靠性的要求，一般通过日常的维护和保养，来大大延长它的使用寿命，这是预防维修。产品的可维修性与产品的结构有很大的关系，即与设计可靠性有关。

（3）设计可靠性

这是决定产品质量的关键，由于人—机系统的复杂性，以及人在操作中可能存在的差错和操作使用环境的这种因素影响，发生错误的可能性依然存在，所以设计的时候必须充分考虑产品的易使用性和易操作性，这就是设计可靠性。一般来说，产品越容易操作，发生人为失误或其他问题造成的故障和安全问题的可能性就越小；从另一个角度来说，如果发生了故障或者安全性问题，采取必要的措施和预防措施就非常重要。例如汽车发生了碰撞后，有气囊保护。

4. 可靠性评价

可靠性评价可以使用概率指标或时间指标，这些指标有：可靠度、失效率、平均无故障工作时间、平均失效前时间、有效度等。

典型的失效率变化曲线，形似浴盆，常称浴盆曲线（Bathtub Curve），如图 6-5 所示。其分为三个阶段：早期故障区、偶然故障区、耗损故障区。早期故障区的失效率为递减形式，即新产品失效率很高，但经过磨合期，失效率会迅速下降。偶然故障区的失效率为一个平稳值，意味着产品进入了一个稳定的使用期。耗损故障区的失效率为递增形式，即产品进入老年期，失效率呈递增状态，产品需要更新。

图 6-5　产品的失效率浴盆曲线

5. 机电一体化系统电子装置可靠性

首先是电子产品的复杂程度在不断增加，导致可靠性问题的日显重要。有资料显示，机电一体化产品的可靠性问题，超过 70% 是出在电子装备或系统上。电子设备复杂程度的显著标志是所需元器件数量的多少。而电子设备的可靠性决定于所用元器件的可靠性，因为电子设备中的任何一个元器件、任何一个焊点发生故障都将导致系统发生故障。一般说来，电子设备所用的元器件数量越多，其可靠性问题就越严重，为保证设备或系统能可靠地工作，对元器件可靠性的要求就非常高、非常苛刻。

其次，电子设备的使用环境日益严酷，现已从实验室到野外，从热带到寒带，从陆地到深海，从高空到宇宙空间，经受着不同的环境条件。除温度、湿度影响外，海水、盐雾、冲击、振动、宇宙粒子、各种辐射等对电子元器件的影响，导致产品失效的可能性增大。

最后，电子设备的装置密度不断增加。从第一代电子管产品进入第二代晶体管，现已从小、中规模集成电路进入到大规模和超大规模集成电路，电子产品正朝小型化、微型化方向发展，其结果导致装置密度的不断增加，从而使内部温升增高，散热条件恶化。而电子元器件将随环境温度的增高，降低其可靠性，因而元器件的可靠性引起人们的极大重视。

可靠性已经列为产品的重要质量指标加以考核和检验。产品的技术性能指标仅仅能够作为衡量产品质量好坏的标志之一，还不能反映产品质量的全貌。必须同时将可靠性指标一并列入质量指标才是完整的。因为，如果产品不可靠，即使其技术性能再好也得不到发挥。从某种意义上说，可靠性可以综合反映产品的质量。

学习任务二 认识抗干扰技术

干扰是指对系统的正常工作产生不良影响的内部或外部因素。

机电一体化系统的干扰因素包括电磁干扰、温度干扰、湿度干扰、声波干扰和振动干扰等。在众多干扰中，电磁干扰最为普遍，且对控制系统影响最大，而其他干扰因素往往可以通过一些物理的方法较容易地解决。

电磁干扰是指在工作过程中受环境因素的影响，出现的一些与有用信号无关的，并且对系统性能或信号传输有害的电气变化现象。这些有害的电气变化现象使得信号的数据发生瞬态变化，增大误差，出现假象，甚至使整个系统出现异常信号而引起故障。例如传感器的导线受空中磁场影响产生的感应电势会大于测量的传感器输出信号，使系统判断失灵。

1. 形成干扰的三个要素

（1）干扰源

产生干扰信号的设备被称为干扰源，如变压器、继电器、微波设备、电动机、无绳电话和高压电线等都可以产生空中电磁信号。当然，雷电、太阳和宇宙射线属于干扰源。

（2）传播途径

传播途径是指干扰信号的传播路径。电磁信号在空中直线传播，并具有穿透性的传播叫做辐射方式传播；电磁信号借助导线传入设备的传播被称为传导方式传播。传播途径是干扰扩散和无所不在的主要原因。

（3）接收载体

接收载体是指受影响的设备的某个环节，该环节吸收了干扰信号，并转化为对系统造成影响的电器参数。接收载体不能感应干扰信号或弱化干扰信号使其不被干扰影响就提高了抗干扰的能力。接收载体的接收过程又称为耦合，耦合分为两类，传导耦合和辐射耦合。传导耦合是指电磁能量以电压或电流的形式通过金属导线或集总元件（如电容器、变压器等）耦合至接收载体。辐射耦合指电磁干扰能量通过空间以电磁场形式耦合至接收载体。

根据干扰的定义可以看出，信号之所以是干扰是因为它对系统会造成不良影响，反之，不能称其为干扰。从形成干扰的要素可知，消除三个要素中的任何一个，都可以避免干扰。抗干扰技术就是针对三个要素的研究和处理。

2. 电磁干扰的种类

按干扰的耦合模式分类，电磁干扰分为以下 5 种类型。

（1）静电干扰

大量物体表面都有静电电荷的存在，特别是含电气控制的设备，静电电荷会在系统中形成静电电场。静电电场会引起电路的电位发生变化；会通过电容耦合产生干扰。静电干扰还包括电路周围物件上积聚的电荷对电路的泄放，大载流导体（输电线路）产生的电场通过寄生电容对机电一体化装置传输的耦合干扰等。

（2）磁场耦合干扰

大电流周围磁场对机电一体化设备回路耦合形成的干扰。动力线、电动机、发电机、电源变压器和继电器等都会产生这种磁场。产生磁场干扰的设备往往同时伴随着电场的干扰，因此又统一称为电磁干扰。

（3）漏电耦合干扰

漏电耦合干扰是因绝缘电阻降低而由漏电流引起的干扰，多发生于工作条件比较恶劣的环境或器件性能退化、器件本身老化的情况下。

（4）共阻抗干扰

共阻抗干扰是指电路各部分公共导线阻抗、地阻抗和电源内阻压降相互耦合形成的干扰，这是机电一体化系统普遍存在的一种干扰。

如图 6－6 所示的串联接地方式，由于接地电阻的存在，三个电路的接地电位明显不同。当 I_1（或 I_2、I_3）发生变化时，A、B、C 点的电位随之发生变化，导致各电路的不稳定。

如图 6－7 所示的串联接地，由于共有一根接地线，当接地点、接地方式选择不当，导致接地电阻较大，加上 I_1、I_2、I_3 电流变化较大时，同样会导致 A、B、C 点电位的不相等，产生接地干扰。

图 6－6　串联接地方式

图 6－7　接地共阻抗干扰

（5）电磁辐射干扰

由各种大功率高频、中频发生装置，各种电火花以及电台、电视台等产生的高频电磁波向周围空间辐射，形成电磁辐射干扰。雷电和宇宙空间也会有电磁波干扰信号。

3. 干扰存在的形式

在电路中，干扰信号通常以串模干扰和共模干扰形式与有用信号一同传输。

（1）串模信号

串模干扰是叠加在被测信号上的干扰信号，也称横向干扰。产生串模干扰的原因有分布电容的静电耦合、长线传输的互感、空间电磁场引起的磁场耦合以及 50Hz 的工频干扰等。

在机电一体化系统中，被测信号是直流（或变化比较缓慢的）信号，而干扰信号经常是一些杂乱的波形并含有尖峰脉冲，如图 6－8（c）所示。图 6－8 中 U_s 表示理想测试信号，U_c 表示实际传输信号，U_g 表示不规则干扰信号。干扰可能来自信号源内部［图 6－8

(a)]，也可能来自于导线的感应［图6-8（b）］。

图6-8　串模干扰示意图

（2）共模干扰

共模干扰往往是指同时加载在各个输入信号接口端的共有的信号干扰。图6-9所示的电路中，检测信号输入 A/D 转换器，A/D 转换器的两个输入端上即存在公共的电压干扰。由于输入信号源与主机有较长的距离，输入信号 U_s 的参考接地点和计算机控制系统输入端参考接地点之间存在电位差 U_{cm}。这个电位差就在转换器的两个输入端上形成共模干扰。以计算机接地点为参考点，加到输入点 A 上的信号为 $U_s + U_{cm}$，加到输入点 B 上的信号为 U_{cm}。

图6-9　共模干扰示意图

4. 一般抗干扰的措施

提高抗干扰的措施最理想的方法是抑制干扰源，使其不向外产生干扰或将其干扰影响限制在允许的范围之内。由于车间现场干扰源的复杂性，要想对所有的干扰源都做到使其不向外产生干扰，几乎是不可能的，也是不现实的。另外，来自于电网和外界环境的干扰，机电一体化产品用户环境的干扰源也是无法避免的。因此，在产品开发和应用中，除了对一些重要的干扰源，主要是对被直接控制的对象上的一些干扰源进行抑制外，更多的则是在产品内设法抑制外来干扰的影响，以保证系统可靠地工作。

抑制干扰的措施很多，主要包括屏蔽、隔离、滤波、接地和软件处理等方法。

（1）屏蔽

屏蔽是指利用导电或导磁材料制成的盒状或壳状屏蔽体，将干扰源或干扰对象包围起来，从而割断或削弱干扰场的空间耦合通道，阻止其电磁能量的传输。按需屏蔽的干扰场的性质不同，可分为电场屏蔽、磁场屏蔽和电磁场屏蔽。

电场屏蔽是为了消除或抑制由于电场耦合引起的干扰。通常用铜和铝等导电性能良好的金属材料作屏蔽体。屏蔽体结构应尽量完整严密并保持良好的接地。

磁场屏蔽是为了消除或抑制由于磁场耦合引起的干扰。对静磁场及低频交变磁场，可用高磁导率的材料作屏蔽体，并保证磁路畅通。对高频交变磁场，由于主要靠屏蔽体壳体上感生的涡流所产生的反磁场起排斥原磁场的作用，选用材料也是良导体，如铜、铝等。

如图6-10所示的变压器，在变压器绕组线包的外面包一层铜皮作为漏磁短路环。当漏磁通穿过短路环时，在铜环中感生涡流，因此会产生反磁通以抵消部分漏磁通，使变压器外的磁通减弱。屏蔽的效果与屏蔽层数量和每层厚度有关。

在如图6-11所示的同轴电缆中，为防止信号在传输过程中受到电磁干扰，在电缆线中设置了屏蔽层。芯线电流产生的磁场被局限在外层导体和芯线之间的空间中，不会传播到同轴电缆以外的空间。而电缆外的磁场干扰信号在同轴电缆的芯线和外层导体中产生的干扰电势方向相同，使电流一个增大、一个减小而相互抵消，总的电流增量为零。许多通信电缆还在外面包裹一层导体薄膜以提高屏蔽外界电磁干扰的作用。

图6-10 变压器的屏蔽

图6-11 同轴电缆示意图

1—芯线；2—绝缘体；
3—外层导体；4—绝缘外皮

（2）隔离

隔离是指把干扰源与接收系统隔离开来，使有用信号正常传输，而干扰耦合通道被切断，达到抑制干扰的目的。常见的隔离方法有光电隔离、变压器隔离和继电器隔离等方法。

①光电隔离。

光电隔离是以光作为媒介在隔离的两端之间进行信号传输，所用的器件是光电耦合器。由于光电耦合器在传输信息时，不是将其输入和输出的电信号进行直接耦合，而是借助于光作为媒介物进行耦合，因此具有较强的隔离和抗干扰能力。图 6 – 12（a）所示为一般光电耦合器组成的输入/输出线路。在控制系统中，它既可以用作一般输入/输出的隔离，也可以代替脉冲变压器起线路隔离与脉冲放大作用。由于光电耦合器具有二极管、三极管的电气特性，使它能方便地组合成各种电路。又由于它靠光耦合传输信息，使它具有很强的抗电磁干扰的能力，从而在机电一体化产品中获得了极其广泛的应用。

②变压器隔离。

对于交流信号的传输，一般使用变压器隔离干扰信号的办法。隔离变压器也是常用的隔离部件，用来阻断交流信号中的直流干扰和抑制低频干扰信号的强度，如图 6 – 12（b）所示的变压器耦合隔离电路。隔离变压器把各种模拟负载和数字信号源隔离开来，也就是把模拟地和数字地断开。传输信号通过变压器获得通路，而共模干扰由于不形成回路而被抑制。

图 6 – 12　光电隔离和变压器隔离原理

（a）光电隔离；（b）变压器隔离

图 6 – 13 所示为一种带多层屏蔽的隔离变压器。当含有直流或低频干扰的交流信号从一次侧端输入时，根据变压器原理，二次侧端输出的信号滤掉了直流干扰，且低频干扰信号幅值也被大大衰减，从而达到了抑制干扰的目的。另外，在变压器的一次侧和二次侧线圈外设有静电隔离层 S_1 和 S_2，其目的是防止一次和二次绕组之间的相互耦合干扰。变压器外的三层屏蔽密封体的内、外两层用铁，起磁屏蔽的作用；中间层用铜，与铁心相连并直接接地，起静电屏蔽作用。这三层屏蔽层是为了防止外界电磁场通过变压器对电路形成干扰而设置的，这种隔离变压器具有很强的抗干扰能力。

图 6 – 13　多层隔离变压器

③继电器隔离。

继电器线圈和触点仅有机械上的联系，而没有直接的电的联系，因此可利用继电器线圈接收电信号，而利用其触点控制和传输电信号，从而可实现强电和弱电的隔离（如图6-14所示）。同时，继电器触点较多，且其触点能承受较大的负载电流，因此应用非常广泛。

图6-14 继电器隔离

实际使用中，继电器隔离指适合于开关量信号的传输。系统控制中，常用弱电开关信号控制继电器线圈，使继电器触电闭合和断开。而对应于线圈的触点，则用于传递强电回路的某些信号。隔离用的继电器，主要是一般小型电磁继电器或干簧继电器。

（3）滤波

滤波是抑制干扰传导的一种重要方法。由于干扰源发出的电磁干扰的频谱往往比要接收的信号的频谱宽得多，因而当接收器接收有用信号时，也会接收到那些不希望有的干扰。这时，可以采用滤波的方法，只让所需要的频率成分通过，而将干扰频率成分加以抑制。

常用滤波器根据其频率特性又可分为低通、高通、带通、带阻滤波器。低通滤波器只让低频成分通过，而高于截止频率的成分则受抑制、衰减，不让通过。高通滤波器只通过高频成分，而低于截止频率的成分则受抑制、衰减，不让通过。带通滤波器只让某一频带范围内的频率成分通过，而低于下截止频率和高于上截止频率的成分均受抑制，不让通过。带阻滤波器只抑制某一频率范围内的频率成分，不让其通过，而低于下截止频率和高于上截止频率的频率成分则可通过。

在机电一体化系统中，常用低通滤波器抑制由交流电网侵入的高频干扰。图6-15所示为计算机电源采用的一种LC低通滤波器的接线图。含有瞬间高频干扰的220 V工频电源通过截止频率为50 Hz的滤波器其高频信号被衰减，只有50 Hz的工频信号通过滤波器到达电源变压器，保证正常供电。

图6-15 低通滤波器

图6-16所示电路中，图6-16（a）所示为触点抖动抑制电路，对抑制各类触点或开关在闭合或断开瞬间因触点抖动所引起的干扰是十分有效的。图6-16（b）所示电路是交流信号抑制电路，主要用于抑制电感性负载在切断电源瞬间所产生的反电势。这种阻容吸收电路可以将电感线圈的磁场释放出来的能量转化为电容器电场的能量储存起来，以降低能量的消散速度。图6-16（c）所示电路是输入信号的阻容滤波电路，类似的这种电路既可作为直流电源的输入滤波器，也可作为模拟电路输入信号的

阻容滤波器。

图 6 – 16　干扰滤波电路

如图 6 – 17 所示为一种双 T 形带阻滤波器，可用来消除工频（电源）串模干扰。图中输入信号 U_1 经过两条通路送到输出端。当信号频率较低时，C_1、C_2 和 C_3 阻抗较大，信号主要通过 R_1、R_2 传送到输出端，当信号频率较高时，C_1、C_2 和 C_3 容抗很小，接近短路，所以信号主要通过 C_1、C_2 传送到输出端。只要参数选择得当，就可以使滤波器在某个中间频率 f_0 时，由 C_1、C_2 和 R_3 支路传送到输出端的信号 U_2，与由 R_1、R_2 和 C_3 支路传送到输出端的信号 U_2 大小相等、相位相反，互相抵消，于是总输出为零。f_0 为双 T 形带阻滤波器的谐振频率。在参数设计时，使 $f_0 = 50\ Hz$，双 T 形带阻滤波器就可滤除工频干扰信号。

图 6 – 17　双 T 型带阻滤波器

5. 正确接地在抗干扰中的作用

接地的目的有两个，一是为保护人身和设备安全，避免雷击、漏电、静电等危害。此类地线称为保护地线，应与真正大地连接。另一个是为了保证设备的正常工作，如直流电源常需要有一极接地，作为参考零电位。传输信号传输也常需要有一根线接地，作为基准电位，传输信号的大小与该基准电位相比较。另外，对设备进行屏蔽时在很多情况下只有与接地相结合，才能具有应有的效果。因此接地系统又分为保护地线、工作地线、地环路和屏蔽接地4 种。

（1）地的分类

工程师在设计电路时，为防止各种电路在电路正常工作中产生互相干扰，使之能相互兼容并有效工作。根据电路的性质，将电路中"零电位"——"地"分为不同的种类，比如按交直流分为直流地、交流地，按参考信号分为数字地（逻辑地）、模拟地，按功率分为信号地、功率地、电源地等，按与大地的连接方式分为系统地、机壳地（屏蔽地）、浮地。不同的接地方式在电路中应用、设计和考虑也不相同，应根据具体电路分别进行设置。

①信号地。

信号地（SG）是各种物理量的传感器和信号源零电位以及电路中信号的公共基准地线（相对零电位）。此处信号一般指模拟信号或者能量较弱的数字信号，易受电源波动或者外界因素的干扰，导致信号的信噪比（SNR）下降。特别是模拟信号，信号地的漂移，会导致信噪比下降；信号的测量值产生误差或者错误，可能导致系统设计的失败。因此对信号地的要求较高，也需要在系统中特殊处理，避免和大功率的电源地、数字地以及易产生干扰地线直接连接。尤其是微小信号的测量，信号地通常需要采取隔离技术。

②模拟地。

模拟地（AG）是系统中模拟电路零电位的公共基准地线。由于模拟电路既承担小信号的处理，又承担大信号的功率处理；既有低频的处理，又有高频的处理；模拟量从能量、频率、时间等都有很大的差别，因此模拟电路既易接受干扰，又可能产生干扰。所以对模拟地的接地点选择和接地线的敷设更要充分考虑。减小地线的导线电阻，将电路中的模拟和数字分开，在 PCB 布线的时候，模拟地和数字地应尽量分开，最后通过电感滤波和隔离，汇接到一起。如图6-18所示为模拟地和数字地。

图 6-18　模拟地和数字地

③数字地。

数字地（DG）是系统中数字电路零电位的公共基准地线。由于数字电路工作在脉冲状态，特别是脉冲的前后沿较陡或频率较高时，会在电源系统中产生比较大的毛刺，易对模拟电路产生干扰。所以对数字地的接地点选择和接地线的敷设也要充分考虑。尽量将电路中的模拟和数字部分分开，在 PCB 布线的时候，模拟地和数字地应尽量分开，最后通过电感，汇接到一起。

④悬浮地。

悬浮地（FG）是系统中部分电路的地与整个系统的地不直接连接，而是通过变压器耦合或者直接不连接，处于悬浮状态。该部分电路的电平是相对于自己"地"的电位。常用在小信号的提取系统或者强电和弱电混合系统中。

其优点是该电路不受系统中电气和干扰的影响；缺点是该电路易受寄生电容的影响，而使该电路的地电位变动和增加对模拟电路的感应干扰。由于该电路的地与系统地没有连接，易产生静电积累而导致静电放电，可能造成静电击穿或强烈的干扰。因此，悬浮地的效果不仅取决于悬浮地绝缘电阻的大小，而且取决于悬浮地寄生电容的大小和信号的频率。

在图 6-19 所示的 VDD-SGND 的电源供电系统中，所有工作点相对的地都是 SGND，但是 SGND 和 DGND 之间的电平处于悬浮状态，VDD-SGND 的电源供电系统与整个系统的连接完全通过变压器耦合，在这里设计的时候需要注意信号的连接方式。

图 6-19　悬浮地变压器耦合

⑤电源地。

电源地是系统电源零电位的公共基准地线。由于电源往往同时供电给系统中的各个单元，而各个单元要求的供电性质和参数可能有很大差别，因此既要保证电源稳定可靠地工作，又要保证其他单元稳定可靠地工作。同时，电源系统功耗比大，在单层板或者双层板中地线的线宽必须加粗。若在多层板中，则应以一层或者多层作为系统的地平面。

⑥功率地。

功率地是负载电路或功率驱动电路的零电位的公共基准地线。由于负载电路或功率驱动电路的电流较强、电压较高，所以功率地线上的干扰较大，因此功率地必须与其他弱电地分别设置、分别布线，以保证整个系统稳定可靠地工作。

将电路、设备机壳等与作为零电位的一个公共参考点（大地）实现低阻抗的连接，称之为接地。接地的目的有两个：一是为了安全，例如把电子设备的机壳、机座等与大地相接，当设备中存在漏电时，不致影响人身安全，称为安全接地；二是为了给系统提供一个基准电位，例如脉冲数字电路的零电位点等，或为了抑制干扰，如屏蔽接地等，称为工作接地。工作接地包括一点接地和多点接地两种方式。

（2）一点接地

如图 6-6 所示为串联一点接地，由于地电阻 R_1，R_2 和 R_3 是串联的，所以各电路间相互发生干扰，虽然这种接地方式很不合理，但由于比较简单，用的地方仍然很多。当各电路的电平相差不大时还可勉强使用；但当各电路的电平相差很大时就不能使用，因为高电平将会产生很大的地电流并干扰到低电平电路中去。使用这种串联一点接地方式时还应注意把低电平的电路放在距接地点最近的地方，即图 6-6 中最接近于地电位的 A 点上。

如图 6-20 所示是并联一点接地方式。这种方式在低频时是最适用的，因为各电路的地电位只与本电路的地电流和地线阻抗有关，不会因地电流而引起各电路间的耦合。这种方式的缺点是，需要连很多根地线，用起来比较麻烦。

图 6-20　并联一点接地

（3）多点接地

多点接地所需地线较多，一般适用于低频信号。若电路工作频率较高，电感分量大，各地线间的互感耦合会增加干扰。如图 6-21 所示，各接地点就近接于接地汇流排或底座、外壳等金属构件上。

图 6-21　多点接地

137

（4）地线的设计

机电一体化系统设计时要综合考虑各种地线的布局和接地方法。图6-22所示是一台数控机床的接地方法。

图6-22　数控机床的接地

从图6-22中可以看出，接地系统形成3个通道：信号接地通道，将所有小信号、逻辑电路的信号、灵敏度高的信号的接地点都接到信号地通道上；功率接地通道，将所有大电流、大功率部件、晶闸管、继电器、指示灯、强电部分的接地点都接到这一地线上；机械接地通道，将机柜、底座、面板、风扇外壳、电动机底座等机床接地点都接到这一地线上，此地线又称安全地线通道。将这三个通道再接到总的公共接地点上，公共接地点与大地接触良好，一般要求地电阻小于4~7 Ω。并且数控柜与强电柜之间有足够粗的保护接地电缆，如截面积为5.5~14 mm^{2}的接地电缆。因此，这种地线接法有较强的抗干扰能力，能够保证数控机床的正常运行。

6. 软件抗干扰设计

软件抗干扰技术是当系统受到干扰时，使系统恢复正常运行或输入信号受干扰后去伪存真的一种辅助方法，属于一种被动抗干扰措施。软件抗干扰措施设计灵活，硬件资源节省，操作方便易行。机电一体化系统（装置）常见的软件抗干扰措施有软件滤波、软件陷阱和软件看门狗等。

（1）软件滤波

所谓软件滤波，就是通过一定的计算或判断程序，减少干扰在有用信号中的比重，实质上是通过程序来滤波。与模拟滤波器相比，软件滤波的优点主要有：

①软件滤波是通过程序实现的，不需要增加硬件设备，可靠性和稳定性较高。

②软件滤波可以对频率很低（如0.01 Hz）的信号实现滤波。

③软件滤波可以根据信号的不同，采用不同算法的滤波方式，灵活、方便且功能性强。

软件滤波的主要算法有：算术平均值法、中位值滤波法、限幅滤波法和惯性滤波等。

识别信号的原则有3种：

①时间原则。

如果掌握了有用信号和干扰信号在时间上出现的规律，在程序设计上就可以在接收有用信号的时区打开输入口，而在可能出现干扰信号的时区封闭输入口，从而滤掉干扰信号。

②空间原则。

在程序设计上为保证接收到的信号正确无误，可将从不同位置、用不同检测方法、经不同路线或不同输入口接收到的同一信号进行比较，根据既定逻辑关系来判断真伪，从而滤掉干扰信号。

③属性原则。

有用信号往往是在一定幅值或频率范围的信号，当接收的信号远离该信号区时，软件可通过识别予以剔除。

（2）软件"陷阱"

从软件的运行来看，瞬时电磁干扰可能会使 CPU 偏离预定的程序指针，进入未使用的 RAM 区和 ROM 区，引起一些莫名其妙的现象，其中死循环和程序"飞掉"是常见的。为了有效地排除这种干扰故障，常采用软件"陷阱"法。

这种方法的基本指导思想是，把系统存储器（RAM 和 ROM）中没有使用的单元用某一种重新启动的代码指令填满，作为软件"陷阱"，以捕获"飞掉"的程序。一般当 CPU 执行该条指令时，程序就自动转到某一起始地址，从这一起始地址开始存放一段使程序重新恢复运行的热启动程序，该热启动程序扫描现场的各种状态，并根据这些状态判断程序应该转到系统程序的哪个入口，使系统重新投入正常运行。

（3）软件"看门狗"

"看门狗"（WATCHDOG）就是用硬件（或软件）的办法使用监控定时器定时检查某段程序或接口，当超过一定时间系统没有检查这段程序或接口时，可以认定系统运行出错（干扰发生），可通过软件进行系统复位或按事先预定的方式运行。"看门狗"，是工业控制机普遍采用的一种软件抗干扰措施。当侵入的尖锋电磁干扰使计算机"飞程序"时，WATCHDOG 能够帮助系统自动恢复正常运行。

对于机电一体化系统（装置）中常用的单片机嵌入式系统，根据多年系统设计和运行维护经验，需要重点考虑输入输出端软件抗干扰技术。

输入信号的干扰是叠加在有效电平上的一系列离散尖脉冲，作用时间短，多呈毛刺状，因此在采集信号时，可以重复采集，直到若干次采样结果一致为止。对于重要开关量输入信号的检测，实际应用中一般采用多次重复检测的方法。若多次测试结果不一致，即可以停止检测显示故障信息。

对于软件测量而言，输入量干扰大多数是叠加到有效信号上的一系列作用时间段的尖脉冲，但是频率不一致，因此在相邻的检测之间应有一定的时间间隔。理论上可以是等时间段的，而在实际使用过程中，由于外部环境比较复杂，等时间段只能滤除某个频段的干扰，为了滤除尽可能多的干扰，间隔时间应为不等的时间段。需要注意的是，对于软件时序要求比较严格的场合，延时查询时间不宜过长。

输出端口的抗干扰方法可采用数据刷新的方法。数据刷新是为防止输出口的状态发生改变，在程序中周期性地添加输出端口刷新指令的方法，从而降低干扰对输出口状态的影响，这是提高输出端口稳定性的有效措施之一。

7. 提高系统抗干扰能力的措施

从整体和逻辑线路设计上提高机电一体化产品的抗干扰能力是整体设计的指导思想，对提高系统的可靠性和抗干扰性能关系极大。对于一个新设计的系统，如果把抗干扰性能作为一个重要的问题来考虑，则系统投入运行后，抗干扰能力就强。反之，如等到设备到现场发现问题才来修修补补，往往就会事倍功半。因此，在总体设计阶段，有几个方面必须引起特别重视。

（1）逻辑设计力求简单可靠

对于一个具体的机电一体化产品，在满足生产工艺控制要求的前提下，逻辑设计应尽量简单，以便节省元件，方便操作。因为在元器件质量已定的前提下，整体中所用到的元器件数量越少，系统在工作过程中出现故障的概率就越小，亦即系统的稳定性越高。但值得注意的是，对于一个具体的线路，必须扩大线路的稳定储备量，留有一定的负载容度。因为线路的工作状态是随电源电压、温度、负载等因素的大小而变的。当这些因素由额定情况向恶化线路性能方向变化，最后导致线路不能正常工作时，这个范围称为稳定储备量。此外，工作在边缘状态的线路或元件，最容易接受外界干扰而导致故障。因此，为了提高线路的带负载能力，应考虑留有负载容度。比如一个TTL集成门电路的负载能力是可以带8个左右同类型的逻辑门，但在设计时，一般最多只考虑带5~6个门，以便留有一定裕度。

（2）硬件自检测和软件自恢复的设计

由于干扰引起的误动作多是偶发性的，因而应采取某种措施使这种偶发的误动作不致直接影响系统的运行。因此，在总体设计上必须设法使干扰造成的这种故障能够尽快恢复正常。通常的方式是在硬件上设置某些自动监测电路，这主要是为了对一些薄弱环节加强监控，以便缩小故障范围，增强整体的可靠性。在硬件上常用的监控和误动作检出方法通常有数据传输的奇偶检验（如输入电路有关代码的输入奇偶校验），存储器的奇偶校验以及运算电路、译码电路和时序电路的有关校验等。

从软件的运行来看，瞬时电磁干扰会影响：堆栈指针SP、数据区或程序计数器的内容，使CPU偏离预定的程序指针，进入未使用的RAM区和ROM区，引起一些如死机、死循环和程序"飞掉"等现象，因此，要合理设置软件"陷阱"和"看门狗"并在检测环节进行数字滤波（如粗大误差处理）等。

（3）从安装和工艺等方面采取措施以消除干扰

①合理选择接地。

许多机电一体化产品，从设计思想到具体电路原理都是比较完美的。但在工作现场却经常无法正常工作，暴露出许多由于工艺安装不合理带来的问题，从而使系统容易接受干扰，对此，必须引起足够的重视。如选择正确的接地方式方面考虑交流接地点与直流接地点分离；保证逻辑地浮空（是指控制装置的逻辑地和大地之间不用导体连接）；保证使机身、机柜的安全地的接地质量；甚至分离模拟电路的接地和数字电路的接地等。

②合理选择电源。

合理选择电源对系统的抗干扰也是至关重要的。电源是引进外部干扰的重要来源。实践证明，通过电源引入的干扰噪声是多途径的，如控制装置中各类开关的频繁闭合或断开，各类电感线圈（包括电动机、继电器、接触器以及电磁阀等）的瞬时通断，晶闸管电源及高频、中频电源等系统中开关器件的导通和截止等都会引起干扰，这些干扰幅值可达瞬时千伏级，而且占有很宽的频率。显而易见，要想完全抑制如此宽频带范围的干扰，必须对交流电源和直流电源同时采取措施。

大量实践表明，采用压敏电阻和低通滤波器可使频率范围在 20 kHz ~ 100 MHz 的干扰大大衰减。采用隔离变压器和电源变压器的屏蔽层可以消除 20 kHz 以下的干扰，而为了消除交流电网电压缓慢变化对控制系统造成的影响，可采取交流稳压等措施。

对于直流电源通常要考虑尽量加大电源功率容限和电压调整范围。为了使装备能适应负载在较大范围变化和防止通过电源造成内部噪声干扰，整机电源必须留有较大的储备量，并有较好的动态特性。习惯上一般选取 0.5 ~ 1 倍的余量。另外，尽量采用直流稳压电源。直流稳压电源不仅可以进一步抑制来自交流电网的干扰，而且还可以抑制由于负载变化所造成的电路直流工作电压的波动。

③合理布局。

对机电一体化设备及系统的各个部分进行合理的布局，能有效地防止电磁干扰的危害。合理布局的基本原则是使干扰源与干扰对象尽可能远离，输入和输出端口妥善分离，高电平电缆及脉冲引线与低电平电缆分别敷设等。

对企业环境的各设备之间也存在合理布局问题。不同设备对环境的干扰类型、干扰强度不同，抗干扰能力和精度也不同，因此，在设备位置布置上要考虑设备分类和环境处理，如精密检测仪器应放置在恒温环境，并远离有机械冲击的场所，弱电仪器应考虑工作环境的电磁干扰强度等。

一般来说，除了上述方案以外，还应在安装、布线等方面采取严格的工艺措施，如布线上注意整个系统导线的分类布置，接插件的可靠安装与良好接触，注意焊接质量等。实践表明，对于一个具体的系统，如果工艺措施得当，不仅可以大大提高系统的可靠性和抗干扰能力，而且还可以弥补某些设计上的不足之处。对机电一体化设备及系统的各个部分进行合理的布局，能有效地防止电磁干扰的危害。

同步练习

1. 简述干扰的三个组成要素。
2. 简述电磁干扰的种类。
3. 简述干扰对机电一体化系统的影响。
4. 分析在机电一体化系统中常用的抗干扰措施。
5. 什么是屏蔽技术？屏蔽技术有哪些分类？
6. 机电一体化中隔离方法有哪些？
7. 什么是接地？常用的接地方法有哪些？各有什么优缺点？
8. 在机电一体化系统中怎样利用软件进行抗干扰？
9. 简述在机电一体化系统中提高抗干扰的措施有哪些。
10. 机电一体化系统中的计算机接口电路通常使用光电耦合器，请问光电耦合器的作用有哪些？控制系统接地通常要注意哪些事项？

11. 试举你身边机电一体化产品中应用抗干扰措施的例子并分析之。

12. 目前，我国强制进行机电产品的"3C"认证。"3C"认证的含义是什么？有什么意义？

13. 为什么国家严令禁止个人和集体私自使用大功率无绳电话？

14. 请解释收音机（或电台）的频道（信号）接收工作原理。

15. 什么是工频？工频滤波原理是什么？

16. 计算机控制系统中，如何用软件进行干扰的防护？

学习评价

课题学习评价表

序号	主要内容	考核要求	配分	得分
1	认识可靠性	1. 能完整陈述可靠性的定义及其三个"规定"； 2. 可以回答出可靠性的三要素； 3. 能说出增强可靠性的主要措施； 4. 可以清晰介绍提高系统可靠性的途径和方法； 5. 能粗略说出机电一体化系统电子装置可靠性状况	50	
2	抗干扰技术	1. 会简单讲述电磁干扰的种类、传播途径及对应防护措施； 2. 在实际系统电路中能采取相应的抗干扰技术以及基本应用电路； 3. 根据实际的机电一体化系统能辨识出所采用的抗电磁干扰技术中的屏蔽技术、接地技术、电源滤波技术、耦合技术及其抑制的方法	50	
备注			自评得分	

课题七
分析典型机电一体化系统

知识目标

通过此前各个学习项目的学习和本项目的系统分析，能够了解典型的机电一体化装置、产品的基本原理，了解具体装置或产品中，所使用的各项技术以及在本装置或产品中的作用，并借以加深对机电一体化技术的认识和理解。

能力目标

初步具备识别什么是真正的机电一体化装置或产品的能力，通过典型装置的系统分析，具备识别、分析相关技术在系统整体中作用的能力。初步具备分析装置或产品整体性能的能力，了解改进性能的常见基本方法。

学习任务一　了解并熟悉数控机床

 案例导入

复杂构件的加工

随着航空、航海、汽车、智能家电等产业的发展，各种复杂构件不断涌现（如图 7-1所示），伴随而生的是对各种新型材料、加工方法、工艺的要求不断提高。而传统的加工设备已无法满足这些构件的加工需求，数控机床就应运而生了。

图 7-1　复杂构件

1. 数控机床的发展及基本原理

（1）数控机床的发展

数控，即数字控制（Numerical Control，NC）。数控技术，即 NC 技术，是指用数字化信息（数字量及字符）发出指令并实现自动控制的技术。是近代发展起来的一种自动控制技术。目前，数控技术已经成为现代制造技术的基础支撑，数控技术和数控装备是制造工业现代化的重要基础。这个基础是否牢固直接影响到一个国家的经济发展和综合国力，关系到一个国家的战略地位。因此，世界上各个经济发达国家均采取重大措施来发展自己的数控技术及其产业。

1952 年，麻省理工学院（MIT）在一台立式铣床上，装上了一套试验性的数控系统，成功地实现了同时控制三轴的运动。这台数控机床被大家称为世界上第一台数控机床，如图 7-2 所示。

这台机床是一台试验性机床，到了 1954 年

图 7-2　世界上第一台数控机床

11 月，在派尔逊斯专利的基础上，第一台工业用的数控机床由美国本迪克斯公司（Bendix-Cooperation）正式生产出来。

在此以后，从 1960 年开始，其他一些工业国家，如德国、日本都陆续开发、生产及使用了数控机床。

数控机床的发展中，值得一提的是加工中心。这是一种具有自动换刀装置的数控机床，它能实现工件一次装卡而进行多工序的加工。这种产品最初是在 1959 年 3 月，由美国卡耐－特雷克公司（Keaney & Trecker Corp.）开发出来的。这种机床在刀库中装有丝锥、钻头、铰刀、铣刀等刀具，根据穿孔带的指令自动选择刀具，并通过机械手将刀具装在主轴上，对工件进行加工。它可缩短机床上零件的装卸时间和更换刀具的时间。加工中心现在已经成为数控机床中一种非常重要的品种，不仅有立式、卧式等用于箱体零件加工的镗铣类加工中心，还有用于回转整体零件加工的车削中心、磨削中心等。

现代数控机床正在向高速化、高精度化、高可靠性、高一体化、网络化和智能化等方向发展。

机床向高速化方向发展，可充分发挥现代刀具材料的性能，不但可大幅度提高加工效率，降低加工成本，而且还可提高零件的表面加工质量和精度。

精密加工正朝着超精密加工（特高精度加工）发展，其加工精度从微米级到亚微米级，乃至纳米级，应用范围日趋广泛。

数控机床的可靠性越来越高，当前国外数控装置的平均无故障运行时间（MTBF）值已达 6000 h 以上，驱动装置达 30000 h 以上。

数控技术的智能化内容包括在数控系统中的各个方面：主要涉及例如自适应控制，工艺参数自动生成；前馈控制，电动机参数的自适应运算，自动识别负载自动选定模型，自整定；智能化的自动编程，智能化的人机界面；智能诊断，智能监控等方面。

从数控机床向柔性自动化系统发展的趋势是：从点（数控单机，加工中心和数控复合加工机床）、线（FMC，FMS，FTL，FML）向面（工段车间独立制造岛）、体（CIMS，分布式网络集成制造系统）的方向发展。

（2）数控机床的基本原理

数控机床（Numerical Control Machine Tools）是指采用数字控制技术对机床加工过程进行自动控制的一类机床。国际信息处理联盟第五次技术委员会对数控机床作的定义是："数控机床是一个装有程序控制系统的机床，该系统能够逻辑地处理具有使用代码或其他编码指令规定的程序。"它是集现代机械制造技术、自动控制技术及计算机信息技术于一体，采用数控装置或计算机来部分或全部地取代一般通用机床在加工零件时的各种动作（如启动、加工顺序、改变切削量、主轴变速、选择刀具、冷却液开停以及停车等）的人工控制，是高效率、高精度、高柔性和高自动化的光、机、电一体化的数控设备。

简而言之，数控机床是一种装有程序控制系统的自动化机床。该控制系统能够逻辑地处理具有控制编码或其他符号指令规定的程序，并将其译码，从而使机床动作并加工零件。

2. 数控机床的构成

数控机床的原理构成如图 7-3 所示，实物结构如图 7-4 所示。

图7-3　数控机床的原理框图

图7-4　数控机床实物结构

从上述图示可见，数控机床的基本组成部分有：机床本体、输入/输出设备、驱动装置、检测装置、辅助控制装置、计算机数控装置等。

（1）机床本体

数控机床的机床本体基本上和传统机床类似，主要由主轴传动装置、进给传动装置、床身、工作台以及辅助运动装置、液压气动系统、润滑系统、冷却装置等组成。由于数控加工的特点，数控机床在整体布局、外观造型、传动系统、刀具系统的结构以及操作机构等方面都已发生了很大的变化，以适应数控机床的加工要求和充分发挥数控机床的功能。

（2）输入/输出装置

输入装置的作用是将程序载体（信息载体）上的数控代码传递并存入数控系统内。根据控制存储介质的不同，输入装置可以是光电阅读机、磁带机或软盘驱动器等。

零件加工程序输入过程有两种不同的方式：一种是数控系统内存较小时，边读入边加工，加工速度比较慢。另一种是在数控系统内存足够大时，一次将零件加工程序全部读入数控装置内部的存储器，加工时再从内部存储器中逐段调出进行加工，这样的方式加工速度比较快。

数控机床加工程序可通过键盘用手工方式直接输入数控系统，也可由编程计算机串行口或网络通信方式传送到数控系统中。

输出指输出内部原始参数、故障诊断参数等工作参数，一般在机床刚开始工作时需输出这些参数作记录保存，待工作一段时间后，再将输出与原始资料作比较、对照，可帮助判断机床工作是否维持正常。

（3）驱动、执行和位置检测装置

驱动装置接受来自数控装置的指令信息，经功率放大后，严格按照指令信息的要求驱动机床移动部件，以加工出符合设计要求的零件。所以，驱动装置的伺服精度和动态响应性能是影响数控机床加工精度、质量和提高生产率的重要因素之一。

驱动装置包括控制器（含功率放大器）和执行机构两大部分。目前大都采用直流或交流伺服电动机作为执行机构。

位置检测装置将数控机床各坐标轴的实际位移量检测出来，经反馈系统输入到机床的数控装置之后，数控装置将反馈回来的实际位移量值与设定值进行比较，控制驱动装置按照指令设定值运动。

（4）辅助控制装置

辅助控制装置的主要作用是接收数控装置输出的开关量指令信号，经过编译、逻辑判别和运动，再经功率放大后驱动相应的电器，带动机床的机械、液压、气动等辅助装置完成指令规定的开关量动作。

这些控制包括：主轴运动部件的变速、换向和启停指令，刀具的选择和交换指令，冷却、润滑装置的启动停止，工件和机床部件的松开、夹紧，分度工作台转位分度等开关辅助动作。

可编程逻辑控制器（PLC）技术已在工业控制领域广泛应用，由于 PLC 具有响应快，性能可靠，易于使用、编程和修改程序，以及在工业控制环境中的高抗干扰能力等特点，可直接作用于机床开关等控制电路，现已广泛应用于数控机床的辅助控制装置中。

（5）计算机数控装置

数控装置又称 CNC 单元，由信息的输入、处理和输出三个部分组成，是数控机床的核心。数控装置从内部存储器中取出或接收输入装置送来的一段或几段数控加工程序，经过数控装置的逻辑电路或系统软件进行编译、运算、译码、插补、逻辑处理后，输出各种控制信息和指令，控制机床各部分的工作，使伺服系统驱动执行部件进行规定的有序运动和动作。

①什么是"插补"。

零件的轮廓图形往往由直线、圆弧或其他非圆弧曲线组成，刀具在加工过程中必须按零件形状和尺寸的要求进行运动，即按图形轨迹移动。但输入的零件加工程序只能是各线段的起点和终点坐标值等数据，不能满足要求，因此要进行轨迹插补，也就是在线段的起点和终点坐标值之间进行"数据点的密化"，求出一系列中间点的坐标值，并向相应坐标输出脉冲信号，控制各坐标轴（即进给运动的各执行元件）的进给速度、进给方向和进给位移量等。

②程序编制及程序载体。

数控程序是数控机床自动加工零件的工作指令。在对加工零件进行工艺分析的基础上，确定零件坐标系在机床坐标系上的相对位置，即零件在机床上的安装位置；刀具与零件相对运动的尺寸参数；零件加工的工艺路线、切削加工的工艺参数以及辅助装置的动作等。得到零件的所有运动、尺寸、工艺参数等加工信息后，用由文字、数字和符号组成的标准数控代码，按规定的方法和格式，编制零件加工的数控程序单。编制程序的工作可由人工进行；对于形状复杂的零件，则要在专用的编程机或通用计算机上进行自动编程（APT）或 CAD/CAM 设计。

编好的数控程序，存放在便于输入到数控装置的一种存储载体上，它可以是穿孔纸带、磁带和磁盘等，采用哪一种存储载体，取决于数控装置的设计类型。

图 7-5 所示为数控机床加工零件的过程示意图，从图中可以清晰地看到数控机床的基本结构和在加工过程中的作用。

① 零件工艺分析（确定零件的加工要素）

② 编写零件的加工程序

换刀装置

⑥ 加工零件

⑤ 程序输送到NC机床

③ 向MCU输入零件的加工程序

机床控制单元（MCU）

④ 显示刀具路径

图7-5　数控机床加工过程示意图

学习任务二　了解工业机器人

 案例导入

如图7-6所示，汽车生产线是一种生产汽车流水作业的生产线，它包括焊接、冲压、涂装、动力总成等。现代的大型汽车制造企业均采用自动生产线，汽车生产的自动化水平大大提高。

图7-6　汽车生产流水线

在现代化的汽车生产线和工业生产现场，各种机器人是必不可少的，机器人以其工作效率高、时间长、"不知疲倦"、安装精确，不"惧怕"恶劣环境等优点，成为汽车生产及其他工业生产（如搬运机器人、焊接机器人等）的有力工具。

图7-7所示就是汽车装配机器人的工作场景。

图7-7 汽车装配机器人工作场景

这些不知疲倦的汽车装配机器人就是工业机器人的一种。那么，什么是工业机器人呢？它是不是符合机电一体化产品的特征呢？

1. 什么是工业机器人

（1）什么是机器人

机器人的历史并不算长，1959年美国英格伯格和德沃尔制造出世界上第一台工业机器人，机器人的历史才真正开始。从上面图7-7中可以看出，机器人并不都具有人的外形。国际上对机器人的概念已经逐渐趋近一致：机器人是靠自身动力和控制能力来实现各种功能的一种机器。联合国标准化组织采纳了美国机器人协会给机器人下的定义："一种可编程和多功能的操作机；或是为了执行不同的任务而具有可用电脑改变和可编程动作的专门系统。"

我国的机器人专家从应用环境出发，将机器人分为两大类，即工业机器人和特种机器人。所谓工业机器人就是面向工业领域的多关节机械手或多自由度机器人。而特种机器人则是除工业机器人之外的，用于非制造业并服务于人类的各种先进机器人，包括：服务机器人、水下机器人、娱乐机器人、军用机器人、农业机器人、机器人化机器等。如图7-8、图7-9所示分别是军用机器人和水下机器人。

图7-8 军用机器人

图7-9 水下机器人

（2）什么是工业机器人

工业机器人是面向工业领域的多关节机械手或多自由度的机器人。工业机器人是自动执行工作的机器装置，是靠自身动力和控制能力来实现各种功能的一种机器。它可以接受人类指挥，也可以按照预先编排的程序运行，现代的工业机器人还可以根据人工智能技术制定的原则纲领行动。

工业机器人按程序输入方式区分有编程输入型和示教输入型两类。编程输入型是将计算机上已编好的作业程序文件，通过 RS -232 串口或者以太网等通信方式传送到机器人控制柜。

示教输入型的示教方法有两种：一种是由操作者用手动控制器（示教操纵盒），将指令信号传给驱动系统，使执行机构按要求的动作顺序和运动轨迹操演一遍；另一种是由操作者直接领动执行机构，按要求的动作顺序和运动轨迹操演一遍。在示教过程的同时，工作程序的信息即自动存入程序存储器中。在机器人自动工作时，控制系统从程序存储器中检出相应信息，将指令信号传给驱动机构，使执行机构再现示教的各种动作。示教输入程序的工业机器人称为示教再现型工业机器人。图 7 -10 所示就是示教操纵盒和示教软件界面。而具有触觉、力觉或简单的视觉的工业机器人，能够在更为复杂的环境下工作；如具有识别功能或更进一步增加自适应、自学习功能，即成为智能型工业机器人。它能按照人给的"宏指令"自选或自编程序去适应环境，并自动完成更为复杂的工作。

图 7 -10　示教操纵盒和示教软件界面

(a) 示教操纵盒；(b) 示教软件界面

2. 工业机器人的构成

工业机器人一般由主体（手臂、手腕等）、驱动系统、控制器及传感器等组成，如图 7 -11 所示。

机器人手臂一般可以具有 3 个乃至更多的自由度（运动坐标轴），机器人作业空间由手臂运动范围决定。手腕是机器人工具（如焊枪、喷嘴、机加工刀具、夹爪）与主构架的连接机构，它具有多个自由度。

工业机器人按臂部的运动形式分为 4 种。直角坐标型的臂部可沿三个直角坐标移动；圆柱坐标型的臂部可作升降、回转和伸缩动作；球坐标型的臂部能回转、俯仰和伸缩；关节型的臂部有多个转动关节。

图7-11 工业机器人的构成

驱动系统为机器人各运动部件提供力、力矩、速度、加速度，是让机器人实际动作的部分（马达、液压装置、空压装置等）。

控制器用于控制机器人各运动部件的位置、速度和加速度，使机器人手爪或机器人工具的中心点以给定的速度沿着给定轨迹到达目标点。

传感器：是机器人和现实世界之间的纽带，用于识别外部环境（视觉传感器、声音传感器、嗅觉传感器、触觉传感器等），并将传感信号输入控制器，作为控制器的控制依据。

从上述对工业机器人的描述中，可以清晰地看到：工业机器人完全具备机电一体化技术的特征，其组成部分包括了机电一体化技术的主要部分，是典型的应用了机电一体化技术的工业设备。

学习任务三 了解汽车 ABS 制动

 案例导入

汽车制动是汽车工作中常见的工况，制动性能的优劣不仅关系到车辆能否正常工作，更是对车辆安全起着重要作用。尤其是紧急制动，更是人命关天的。因此，现代车辆都具备一套完备的制动系统。

ABS（Anti-lock Braking System）防抱死制动系统，通过安装在车轮上的传感器发出车轮将被抱死的信号，控制器指令调节器降低该车轮制动缸的油压，减小制动力矩，经一定时间后，再恢复原有的油压，不断地这样循环（每秒可达5~10次）。紧急制动时，始终使车轮处于转动状态而又有最大的制动力矩，既可以制动，又使车辆转向能正常操作。

没有安装 ABS 的汽车，在行驶中如果用力踩下制动踏板，车轮转速会急速降低，当制动力超过车轮与地面的摩擦力时，车轮就会被抱死，完全抱死的车轮会使轮胎与地面的摩擦力下降，如果前轮被抱死，驾驶员就无法控制车辆的行驶方向，如果后轮被抱死，就极容易出现侧滑现象。

两种制动的效果比较如图 7 – 12 所示。

图 7 – 12　两种制动效果的比较

从图中可以看出，没有 ABS 系统的车辆，紧急制动时由于前轮被抱死无法正常转向，直直地冲向障碍物。而有 ABS 系统的车辆，在紧急制动时，可灵活地转向，避开了障碍物。

那么，ABS 系统是如何构成，又是如何工作的呢？是否是机电一体化技术的应用成果呢？

1. ABS 系统是如何工作的

在常规制动阶段，ABS 并不介入制动压力控制，车轮的制动力由驾驶员踩制动踏板的力度决定。同时 ECU 利用各个轮速传感器检测各个车轮的转速，然后由此计算出车速，判断轮胎和道路情况，当监测到某个车轮的轮速减速过大，滑移率过大，车轮趋于抱死时，ABS 就进入防抱制动压力调节过程。ECU 控制执行器调节此车轮的制动力，以控制轮胎的最佳滑移率 S_p（10% ~30%），避免车轮被抱死。

ABS 系统在车辆的安装位置如图 7 – 13 所示。

图 7 – 13　ABS 系统的安装位置

ABS 系统的原理构成如图 7 – 14 所示。

当轮速传感器检测到车轮的滑移率刚刚超过 S_p 出现抱死趋势时，ABS 控制器输出信号到制动压力调节器降低制动压力，减少车轮制动力矩，使车轮滑移率恢复到靠近稳定界限 S_p 的稳定区域内，压力保持，车轮速度上升。

当车轮的加速度超过某一值时，再次将制动压力提高到使车轮滑移率稍微超过稳定界限，压力保持，车轮速度又下降。

ABS 系统按上述"压力降低 – 压力保持 – 压力上升 – 压力保持 – 压力下降"循环反复将车轮滑移率控制在 S_p 附近的狭小范围内，以获得最佳的制动效能和制动时的方向稳定性和转向操纵能力。

常规制动——如图 7 – 14 所示，踩下制动踏板，ABS 尚未工作时，两电磁阀均不通电，进油电磁阀处于开启状态，出油电磁阀处于关闭状态，制动轮缸与低压储液器隔离，与主缸相通。制动主缸里的制动液被推入轮缸产生制动。

压力保持——如图 7 – 14 所示，当 ABS、ECU 通过轮速传感器检测到车轮的减速度达到设定值时，使进油电磁阀通电关闭，出油电磁阀仍处于断电关闭状态，轮缸里的制动液处于不流通状态，制动压力保持。

压力减小——如图 7 – 14 所示，当 ABS、ECU 通过轮速传感器检测到车轮趋于抱死时，进、出油电磁阀均通电，轮缸与低压储液器相通，轮缸里的制动液在制动蹄复位弹簧作用下流到低压储液器，制动压力减小。同时电动回油泵通电运转及时将制动液泵回主缸，踏板有回弹感。当制动压力减小到车轮的滑移率在设定范围内时，进油阀通电，出油阀断电，压力保持。

压力增高——如图 7 – 14 所示，当 ABS、ECU 通过轮速传感器检测到车轮的加速度达到设定值时，进、出电磁阀均断电，进油阀开启，出油阀关闭，同时回油泵通电，将低压储液器的制动液泵到轮缸，制动压力增加。

需要指出的是，为避免 ABS 在较低的车速下制动时因制动压力的循环调节延长制动距离，ABS 有最低工作车速的限制，一般来说汽车行驶速度超过 8 km/h 时，ABS 才起作用。

图 7 – 14　ABS 系统的原理框图

2. ABS 系统的构成

（1）ABS 系统的构成

ABS 防抱死制动系统是在液压制动的基础上完成各个车轮制动力的调节。各主要元件如图 7 – 15 所示，主要组成有以下几个部分。

图 7 – 15　ABS 系统的主要元件

① 常规液压制动系统：制动总泵、连接油管、制动分泵、车轮制动器等。

② 轮速传感器：每个车轮均设有一个轮速传感器，检测各个车轮的转速。

③电子控制单元 ECU：处理轮速传感器的信号，然后由此计算出车速，判断轮胎和道路情况，控制执行器给每个车轮提供最佳制动力。

④制动压力调节器：制动压力调节器根据来自 ECU 的指令工作，保持、减小或增大制动的液压力，以控制轮胎的最佳滑移率，避免车轮被抱死。液压单元的基本组成包括电磁阀、回油泵及低压储液器。电磁阀为两位两通，每个轮缸 2 个，其中一个是常开进油阀，另一个是常闭出油阀。

⑤警告灯——包括仪表板上的制动警告灯和 ABS 警告灯。

（2）电子控制单元 ECU

ABS 电子控制单元（ECU）是 ABS 的控制中枢。其主要功用是接受轮速传感器及其他传感器输入的信号，进行放大、计算、比较，按照特定的控制逻辑，分析判断后输出控制指令，控制制动压力调节器执行压力调节任务。

如图 7 – 16 所示，ABS、ECU 主要包括：输入级电路、计算电路、输出级电路及安全保护电路。安全保护电路由电源监控、故障记忆、继电器驱动和 ABS 警告灯驱动电路等电路组成。当发现影响 ABS 系统正常工作的故障时，能根据微处理器的指令切断有关继电器的电源电路，ABS 停止工作，恢复常规制动功能，起到失效保护作用，并将故障信息以代码形式存储在 ECU 存储器内，同时使仪表板上的 ABS 警告灯点亮，提醒驾驶员。电子控制单元一般安装在发动机舱、仪表板下或行李箱中较安全位置。

图 7-16 ABS 系统的电控单元

学习任务四 了解汽车自动变速器

 案例导入

汽车变速器，是一套用于来协调发动机的转速和车轮的实际行驶速度的变速装置，用于发挥发动机的最佳性能。变速器可以在汽车行驶过程中，在发动机和车轮之间产生不同的变速比，通过换挡可以使发动机工作在其最佳的动力性能状态下。

按照换挡操纵方法的不同，汽车变速器可分为手动变速器（俗称手动挡）和自动变速器（俗称自动挡）。图 7-17 所示为不同类型的变速器操纵装置。

（a）

（b）

图 7-17 汽车换挡操纵机构

（a）手动换挡操纵杆；（b）自动换挡操纵杆

手动变速器需要驾驶员根据车速的变化，配合离合器手动操纵。对驾驶员的操作技术要求比较高。随着机电一体化技术的发展，自动变速器越来越广泛地得到应用。下面，一起来认识一下汽车自动变速器是如何工作的。

1. 自动变速器基本原理

目前，汽车自动变速器常见的主要有4种形式，它们分别是：

①液力自动变速器（AT）。

②机械无级自动变速器（CVT）。

③电控机械自动变速器（AMT）。

④双离合器自动变速器（Dual Clutch Transmission，DCT）。

目前轿车普遍使用的是液力自动变速器AT。AT是由液力变扭器、行星齿轮和液压操纵系统组成，通过液力传递和齿轮组合的方式来达到变速变矩。其中液力变扭器是AT最重要的部件，它由泵轮、涡轮和导轮等构件组成，兼有传递扭矩和离合的作用。自动变速器的基本原理及构成如图7-18所示。

液力自动变速器根据汽车的行驶速度和节气门开度的变化，自动变速挡位。其换挡控制方式是通过机械方式将车速和节气门开度信号转换成控制油压，并将该油压加到换挡阀的两端，以控制换挡阀的位置，从而改变换挡执行元件（离合器和制动器）的油路。这样，工作液压油进入相应的执行元件，使离合器结合或分离，制动器制动或松开，控制行星齿轮变速器的升挡或降挡，从而实现自动变速。

电控液力自动变速器是在液力自动变速器基础上增设电子控制系统而形成的。它通过传感器和开关监测汽车和发动机的运行状态，接受驾驶员的指令，并将所获得的信息转换成电信号输入到电控单元。电控单元根据这些信号，通过电磁阀控制液压控制装置的换挡阀，其打开或关闭通往换挡离合器和制动器的油路，从而控制换挡时刻和挡位的变换，以实现自动变速。

图7-18　自动变速器基本原理

2. 自动变速器的主要构成

如前所述，自动变速器主要由液力变矩器、行星齿轮和液压（电气）操纵系统组成，如图 7 - 19 所示。

图 7 - 19　自动变速器结构示意图

（1）液力变矩器

液力变矩器位于自动变速器的最前端，安装在发动机的飞轮上，其作用与采用手动变速器的汽车中的离合器相似。它利用油液循环流动过程中动能的变化将发动机的动力传递自动变速器的输入轴，并能根据汽车行驶阻力的变化，在一定范围内自动地、无级地改变传动比和扭矩比，具有一定的减速增扭功能。液力变矩器结构如图 7 - 20 所示。

图 7 - 20　液力变矩器结构示意图

（2）变速齿轮机构

自动变速器中的变速齿轮机构所采用的形式有普通齿轮式和行星齿轮式两种。采用普通齿轮式的变速器，由于尺寸较大，最大传动比较小，只有少数车型采用。目前绝大多数轿车自动变速器中的齿轮变速器采用的是行星齿轮式，如图7-21所示。

图7-21　自动变速器行星齿轮

自动变速器行星齿轮机构，是自动变速器的重要组成部分之一，主要由太阳轮（也称中心轮）、内齿圈、行星架和行星齿轮等元件组成。行星齿轮机构是实现变速的机构，速比的改变是通过以不同的元件作主动件和限制不同元件的运动而实现的。在速比改变的过程中，整个行星齿轮组还存在运动，动力传递没有中断，因而实现了动力换挡。

换挡执行机构主要是用来改变行星齿轮中的主动元件或限制某个元件的运动，改变动力传递的方向和速比，主要由多片式离合器、制动器和单向超越离合器等组成。

离合器的作用是把动力传给行星齿轮机构的某个元件使之成为主动件。

制动器的作用是将行星齿轮机构中的某个元件抱住，使之不动。单向超越离合器也是行星齿轮变速器的换挡元件之一，其作用和多片式离合器及制动器基本相同，也是用于固定或连接几个行星排中的某些太阳轮、行星架、齿圈等基本元件，让行星齿轮变速器组成不同传动比的挡位。

（3）供油系统

自动变速器的供油系统主要由油泵、油箱、滤清器、调压阀及管道所组成。油泵是自动变速器最重要的组成之一，它通常安装在变矩器的后方，由变矩器壳后端的轴套驱动。在发动机运转时，不论汽车是否行驶，油泵都在运转，为自动变速器中的变矩器、换挡执行机构、自动换挡控制系统部分提供一定油压的液压油。油压的调节由调压阀来实现。

（4）自动换挡控制系统

自动换挡控制系统能根据发动机的负荷（节气门开度）和汽车的行驶速度，按照设定的换挡规律，自动地接通或切断某些换挡离合器和制动器的供油油路，使离合器结合或分开、制动器制动或释放，以改变齿轮变速器的传动化，从而实现自动换挡。

自动变速器的自动换挡控制系统有液压控制和电液压（电子）控制两种。液压控制系统是由阀体和各种控制阀及油路所组成的，阀门和油路设置在一个板块内，称为阀体总成。不同型号的自动变速器阀体总成的安装位置有所不同，有的装置于上部，有的装置于侧面，纵置的自动变速器一般装置于下部。在液压控制系统中，增设控制某些液压油路的电磁阀，就成了电器控制的换挡控制系统，若这些电磁阀是由电子计算机控制的，则成为电子控制的换挡系统。

自动变速器电子控制系统如图 7 – 22 所示。

（5）换挡操纵机构

自动变速器的换挡操纵机构包括手动选择阀的操纵机构和节气门阀的操纵机构等。驾驶员通过自动变速器的操纵手柄改变阀板内的手动阀位置，控制系统根据手动阀的位置及节气门开度、车速、控制开关的状态等因素，利用液压自动控制原理或电子自动控制原理，按照一定的规律控制齿轮变速器中的换挡执行机构的工作，实现自动换挡。

图 7 – 22　自动变速器电子控制系统

学习任务五　柔性制造系统简介

 案例导入

传统的生产工艺只有在品种单一、批量大、设备专用、工艺稳定及效率高的情况下，才能构成规模经济效益，反之，多品种、小批量生产、设备专用性低、加工形式相似的情况下，频繁地调整工具夹，工艺稳定难度增大，生产效率势必受到影响。为了同时提高制造工业的柔性和生产效率，使之在保证产品质量的前提下，缩短产品生产周期，降低产品成本，最终使中小批量生产能与大批量生产相抗衡，柔性制造技术便应运而生。以下详细阐述何为柔性制造技术。

1. 柔性制造技术

（1）柔性制造技术的定义

所谓柔性制造，即通过自动化柔性制造系统进行不同形状、不同种类工件的制造，其技术总和称为柔性制造技术。由于生产技术相对密集，因而属于密集型技术群，其制造系统更加重视柔性，能够实现中小批量、多种类的产品加工。

柔性制造技术是建立在数控设备应用基础上的，正在随着制造企业技术进步而不断发展的新兴技术，是一种主要用于多品种、中小批量或变批量生产的制造自动化技术，它是对各种不同形状加工对象进行有效地且适应性地转化为成品的各种技术的总称。

柔性制造技术按规模大小可划分为：柔性制造系统（FMS）、柔性制造单元（FMC）、柔性制造线（FML）、柔性制造工厂（FMF）四类。

（2）柔性制造技术的发展

柔性制造技术在20世纪70年代末开始走出实验室，成为一些先进企业生产线上的主要设备。我国于1985年开始进行柔性制造技术的有关研究，经过多年的努力和研究，该技术得到了极大的重视和发展，目前该技术主要应用在汽车和制造业等行业。

作为机械制造业重要装备的机床的发展，是人们一直所关注的。在20世纪50年代，随着计算机技术的发展，机床的控制信息流也出现了突破性发展，进而诞生了新一代应用数字化技术进行柔性自动化控制的机床。数控机床的优点在于优异的性能和精度、灵捷而多样化的功能。因此，企业的制造系统现代化的关键在于数字化技术，在发展信息技术支持的前提下，利用数控技术促进制造装备及控制运行过程的自动化、网络化和智能化。在经济全球化条件下，企业对不确定性市场环境的适应能力会得到显著的提高，对机械制造企业重构和改造也起着重要作用。

2. 柔性制造系统（FMS）

（1）柔性制造系统的定义

柔性制造系统是在成组技术的基础上，以多台（种）数控机床或数组柔性制造单元为核心，通过自动化物流系统将其连接，统一由主控计算机和相关软件进行控制和管理，组成多品种变批量和混流方式生产的自动化制造系统。柔性制造系统的组成如图 7-23 所示。

图 7-23　柔性制造系统的组成

（2）柔性制造系统及分类

由于柔性制造系统（FMS）还在发展中，所以，目前对于 FMS 的概念还没有统一的定义，它作为一种新的制造技术的代表，不仅在零件的加工层面而且在与加工有关的领域里也得到了越来越广泛的应用，这就决定了 FMS 组成和机理的多样性。

与刚性自动化的工序分散、固定节拍和流水线生产的特征相反，柔性自动化的目标是：在中小批量生产条件下，接近大量生产方式刚性自动化所达到的高效率和低成本，并同时具有刚性自动化所没有的灵活性。具体体现为，在加工、运输、调度决策、控制等方面具有柔性。

FMS 具有良好的柔性，但是，这并不意味着一条 FMS 就能生产所有的产品。事实上，现有的柔性制造系统都只能制造一定种类的产品。据统计，从工件形状来看，95% 的 FMS 用于加工箱体类或回转体类工件。从工件种类来看，很少有加工 20 种产品以上的 FMS，多数系统只能加工 10 多个品种。现有的 FMS 大致可分为三种类型：

①专用型：以一定产品配件为加工对象组成的专用 FMS，例如汽车底盘柔性加工系统。

②监视型：具有自我检查和校正功能的 FMS；其监视系统的主要功能如下。

a. 工作进度监视。包括运动程序、循环时间和自动电源切断的监视。

b. 运动状态的监视。包括刀具破损检测、工具异常检测、刀具寿命管理、工夹具的识别等。

c. 精度监视。包括镗孔自动测量、自动曲面测量、自动定位中心补偿、刀尖自动调整和传感系统。

d. 故障监视。包括自动诊断监控和自动修复。

e. 安全监视。包括障碍物、火灾的预检。

③随机任务型：可同时加工多种相似工件的 FMS。

④柔性制造系统的应用。

目前，随着柔性化生产制造不断地渗透，为了适应当代社会密集型制造要求，柔性生产制造已经得到了广泛的认可。并且在实际的生产中，柔性制造实现了小批量多品种自动加工，并解决了生产中的诸多难题，能够更加快速地适应产品的生产要求，因而在生产厂家中得到了认可，尤其在汽车零部件加工制造领域，该技术发挥了巨大的优势。

我国已成为世界上柔性自动生产线应用最热和进口最多的国家，目前已经安装超过 100 条生产线。其主要优点是：大大缩短交货周期，产量得到有效提升；能完成加工多样化，可实现批量生产、降低库存费用和提高设备利用率；在操作上，可实现动态调度。除生产柔性外，汽车产业中还包括产品柔性和市场柔性等。

如图 7-24 所示为柔性制造系统的应用——加工系统：FMS63 由 3 台 H63 卧式加工中心和两个工件安装站组成，可加工中小型板件、盘类、壳体类件精密零件；零件一次装夹后可进行铣、镗、钻、扩、铰、攻丝等多工序加工；特别适合各类箱体、壳体多孔的中小批量或单件加工。

图 7-24　柔性制造加工系统

图 7-25 所示为柔性制造物流系统：采用立体仓库（共 3 层货架）配备一台自动堆垛机，可存储处理多达 60 个托盘，托盘上可装载大量的零件与夹具。物流系统中的自动化立体仓库可实现柔性生产线所需加工工件的存储和搬运（上下料）。

制造行业为了适应当前社会的生产要求，其设备以及生产控制系统越来越多地向着智能、高效、柔性、集成的方向发展。因此在构成以及应用方面，柔性控制系统（FMS）将向着多元化的灵活方向发展，并且吸取了实际生产经验后，FMS 也会进一步开发小型生产系统，相对于大型 FMS，小型 FMS 在投资、运行和成功率等方面都相对更好。FMS 系统在发达国家已有较多应用，它已成为自动化工厂的重要组成模块。而且，FMS 的应用范围正在不断扩大，涵盖毛坯制造、机械加工、装配和质量检验等诸多方面。可以说，柔性制造系统的发展空间是十分广阔的。

图 7 – 25　柔性制造物流系统

课题学习评价表

序号	主要内容	考核要求	配分	得分
1	数控机床	1. 能明确数控机床的重要作用，基本的工作原理； 2. 能分析常规的数控机床的基本结构，各部分的作用； 3. 能站在机电一体化技术的高度上，分析数控机床各部分的技术构成以及作用； 4. 结合自身的专业学习和实训，初步具备自主学习和分析类似设备原理、结构和作用的能力	20	

序号	主要内容	考核要求	配分	得分
2	工业机器人	1. 能明确工业机器人的重要作用，基本的工作原理； 2. 能分析常规的工业机器人的基本结构，各部分的作用； 3. 能站在机电一体化技术的高度上，分析工业机器人各部分的技术构成以及作用； 4. 结合自身的专业学习和实训，初步具备自主学习和分析类似设备原理、结构和作用的能力	20	
3	ABS 制动系统	1. 能明确 ABS 制动系统对现代汽车安全行驶的重要作用，了解基本的工作原理； 2. 能分析常规的 ABS 制动系统的基本结构，各部分的作用； 3. 能站在机电一体化技术的高度上，分析 ABS 各部分的技术构成以及作用； 4. 结合自身的专业学习和实训，初步具备自主学习和分析类似设备原理、结构和作用的能力	20	
4	自动变速器	1. 能明确自动变速器的重要作用，基本的工作原理； 2. 能分析常规的自动变速器的基本结构，各部分的作用； 3. 能站在机电一体化技术的高度上，分析自动变速器各部分的技术构成以及作用； 4. 结合自身的专业学习和实训，初步具备自主学习和分析类似设备原理、结构和作用的能力	20	
5	其他机电一体化设备	1. 结合本课程的学习，能够自主资料，分析其他机电一体化装备或产品的基本原理、构成和作用； 2. 通过本课程的学习，进一步了解机电一体化技术发展的趋势，在国民经济中的重要作用	20	
备注			自评得分	

参 考 文 献

[1] 魏天路，倪依纯. 机电一体化系统设计［M］. 北京：机械工业出版社，2006.

[2] Nitaigour Premchand Mahalik. 机电一体化：原理·概念·应用［M］. 北京：科学出版社，2008.

[3] 梁景凯，盖玉先. 机电一体化技术与系统［M］. 北京：机械工业出版社，2007.

[4] 姜培刚，盖玉先. 机电一体化系统设计［M］. 北京：机械工业出版社，2003.

[5] 赖寿宏. 微型计算机控制技术［M］. 北京：机械工业出版社，2006.

[6] 张建民. 机电一体化系统设计［M］. 北京：北京理工大学出版社，1996.

[7] 张继和，等. 电动机控制与供电基础［M］. 四川：西南交通大学出版社，2000.

[8] 何立民. 单片机应用技术选编［M］. 北京：北京航空航天大学出版社，1996.

[9] 黄俊，等. 电力电子变流技术［M］. 北京：机械工业出版社，1999.

[10] 王彩霞. 数控系统与数控机床技术发展趋势［J］. 新技术新工艺，2010（4）.

[11] 徐春艳. 机械设计基础［M］. 北京：北京理工大学出版社，2006.

[12] 叶明超. 自动检测与转换技术［M］. 北京：北京理工大学出版社，2009.

[13] 李谷音. 港口起重机械［M］. 北京：人民交通出版社，2009.

[14] 成大先. 机械设计手册（第五版）［M］. 北京：化学工业出版社，2009.

[15] 张月向，赵英君. 汽车自动变速器原理与检修［M］. 哈尔滨：黑龙江科学技术出版社，2005.

[16] 张新. 汽车液压防抱制动系统（ABS）的理论与实践［M］. 武汉：中南大学出版社，2005.

[17] 吴正彪，王正家. 工业机器人［M］. 武汉：华中科技大学出版社，2006.